宇宙探秘丛书

Yue You Yuanque

潘文彬　温牡玉　谭秀娟　黄佳蕙　编著

月有圆缺

SPM 南方出版传媒

广东科技出版社 | 全国优秀出版社

· 广　州 ·

图书在版编目（CIP）数据

月有圆缺 / 潘文彬等编著. —广州：广东科技出版社，
2021.4（2024.6重印）
（宇宙探秘丛书）
ISBN 978-7-5359-7615-4

Ⅰ．①月… Ⅱ．①潘… Ⅲ．①月球探索－普及读
物 Ⅳ．① V1-49

中国版本图书馆 CIP 数据核字（2021）第 030810 号

月有圆缺
Yue You Yuanque

出 版 人：朱文清
责任编辑：黄 铸 严 旻
封面设计：柳国雄
责任校对：李云柯
责任印制：彭海波
出版发行：广东科技出版社
　　　　　（广州市环市东路水荫路 11 号 邮政编码：510075）
销售热线：020-37607413
https://www.gdstp.com.cn
E-mail: gdkjbw@nfcb.com.cn
经 销：广东新华发行集团股份有限公司
印 刷：广州市彩源印刷有限公司
　　　　（广州市黄埔区百合三路8号 邮政编码：510700）
规 格：787mm×1 092mm 1/16 印张6 字数150 千
版 次：2021 年 4 月第 1 版
　　　　2024 年 6 月第 3 次印刷
定 价：48.00 元

前　言

月球是离地球最近的自然天体，是地球唯一的天然卫星。每位读者都能吟咏几句描写月亮的诗词，都听过嫦娥奔月的传说，都见惯月亮的圆缺变化，但除此之外，大多数读者对月球这位地球的亲密伙伴往往知之甚少。

从宇宙的尺度来看，月球离地球非常近，但从人类生活的尺度来看，地球到月球的距离仍是非常大的，约为38.44万千米，以飞机900千米/小时的速度不停地飞过这样的距离（当然，飞机无法飞离地球），也要连续飞行18天才能到达。所以以人类现在的科技水平，前往月球仍是非常艰难的，需要有强大的科技实力支撑，才可以前往月球和登月进行探测。因此，目前人类前往月球的次数仍然很有限，对月球的了解仍然不够深入。

20世纪50年代末开始，苏美两国在航天技术上相互竞争，推动了人类对于地外天体的探索，在探月和登月方面更是取得了很多成果。我国在2004年正式开启了"嫦娥探月工程"，探月也取得了多项重大突破。

月球与地球的关系密切，月球与地球相互影响的作用非常明显，月球对人类的社会生活产生了很大的影响。了解月球的知识非常有趣，我们可以从了解月球的知识开始，开启我们宇宙探索之路。

"宇宙奥秘丛书"中的《月有圆缺》一书，是月球知识的科普图书。本书介绍的内容包括：从月亮的传说开始了解月球，月球起源的假说，月球的外貌和结

构，月球的运动，月食与日食，农历与月亮的关系，人类的探月历程，月球的未解之谜等。

本书有以下特点：

（1）内容丰富、结构合理，注重科学性。既注重青少年认知特点和阅读习惯，又注意知识的系统性和严谨性。从古人对月球的认识再到未来的探测前景，线索清晰，能够满足读者探索未知的好奇心。

（2）语言生动活泼、通俗易懂。采用图文结合的方式介绍月球相关知识，内容生动有趣。既将成熟的、科学的月球知识介绍给广大读者，让读者对月球有一个较为完整而科学的认识，又客观地指出一些受制于目前科技水平而未能解开的谜团。

（3）图片丰富。天文摄影图片精美，原理展示图形象直观，对相关内容进行说明和补充，使深奥难懂的知识变得直观易懂，让读者在对月球形成完整而全面的认识的同时，获得更加形象而具体的认知。版式设计具有较强的美感，使读者能够在愉快的阅读体验中增长知识、开拓视野。

希望这本书能帮助读者更深入、全面地了解月球，能引起读者对宇宙探索的兴趣。本书写作时间仓促，难免存在缺点和错误，诚挚地欢迎读者批评、指正。

编者

2020 年 11 月 2 日

目 录

1

2

Part 8

月球未解之谜

Part 9

月球探测的前景

Part 1

认识月球

一、古人眼中的月亮

1. 有关月亮的传说

在与自然相处的过程中，古人往往会崇拜一些自然物。月亮崇拜便是自然崇拜之一。在没有灯火的夜晚，月亮就像是照亮黑夜的一盏灯，对古人的生活产生深远的影响。古人希望月亮能够造福人类，并由此开始对月亮奥秘的不懈探索，有关月亮的神话应运而生。

在我国有记载的神话中，月亮的产生就有以下说法：

（1）生育说。《山海经·大荒西经》上记载着："有女子方浴月。帝俊妻常羲，生月十有二，此始浴之。"意思是说有个女子正在给月亮洗澡。帝俊的妻子常羲生了十二个月亮，这是她刚开始给月亮洗澡。此说法认为月亮和人一样，也是父母生养的。

（2）肢体化生说。三国时期《三五历纪》（也叫《三五历》）首次提出："首生盘古，垂死化身。……左眼为日，右眼为月。"意思是在开天辟地时盘古首先诞生，临死时他的身体忽然发生巨大变化。……他的左眼变成了太阳，右眼变成了月亮。即此说法认为月亮是由盘古的右眼化成的。

（3）铸造说。黔东南苗族古歌中的《开天辟地》记载，天空和大地被撑稳支住后，世界天昏地暗，天气阴冷，庄稼无法生长，不适合人类生活。宝公、雄公、且公、当公这四位传说中的祖先便决定用金银铸造出日月。历经重重困难，铸造出的日月终于进了天门，上了天空。

中国的月亮崇拜已然渗透在了人们的生活中。古代天子在春天需要祭拜

图 1-1　嫦娥奔月

太阳，而在秋天需要祭拜月亮。民间对月亮的幻想与崇拜就更加丰富多样了：古人想象月亮上有一座广寒宫，里面住着嫦娥仙子（如图 1-1）、玉兔和吴刚；农历八月十五是中秋节，每家每户都会祭拜月亮，祈求团圆平安；农历七月初七是乞巧节，女子们会对着月亮向织女祈求拥有聪慧的心灵和灵巧的双手，还会向掌管人间姻缘的月亮祈求一段金玉良缘……中国人对月亮的神往和崇拜，一代又一代地相传至今。

吴刚伐桂（如图 1-2）是中国家喻户晓的神话故事。传说天宫南天门的吴刚和月宫中的嫦娥相好，但他由于整日记挂着与嫦娥相会，疏于值守。玉帝知道后，罚吴刚到月宫去砍完一棵月桂树的枝叶，砍完才可重返南天门。然而每当吴刚即将砍完月桂的枝叶时，就会有一只乌鸦站在树上哇哇大叫。只要吴刚停下斧头看它一眼，月桂便会重新长出枝叶。年复一年，吴刚总也砍不完这棵月桂树。玉帝将这种永无休止的劳动当作对吴刚的惩罚。

图 1-2　吴刚伐桂

说到月宫，不得不提与月宫也有着很深渊源的猪八戒（如图1-3）。在《西游记》里，猪八戒在"老窝"云栈洞前与孙悟空大战时，是这样介绍自己身世的："我曾是玉皇大帝手下的天蓬元帅，因为醉酒后调戏了嫦娥而被逐出天界，错投猪胎，才成了现在这副模样。"这位嫦娥不是民间传说中后羿的妻子，而是一位普通的月宫仙女。《西游记》中的"嫦娥"是月宫仙女的统称，并不是某位仙子的特定名称。

世界上其他国家地区的人们对月亮的幻想与崇拜也是多种多样的：玛雅人视月亮为生育、纺织和爱情女神；古印度人视月亮为丰收的神灵，印度人祈祷时会说："月亮会保佑我们一生平安"（如图1-4）；巴西土著人视月亮为植物之母；大洋洲苏拉威西岛的土著民族认为生产稻米的粮食之神就居住在月亮上；西伯利亚东北部楚克奇族的巫医会在月光下脱去所有衣物，让月光洒在他们身上，以获得施咒的力量；古埃及人视月亮为医疗之神，古埃及女人为了怀孕，会喝下溶了月光的水，吃掉放在屋顶上接受过月光洗礼的食物，并且在月光摇曳的池塘中沐浴……

003

图1-3　猪八戒

图1-4　印度月神苏摩

在世界各民族的早期信仰中，较为常见的月神象征物有月亮圣石、月亮圣树、月亮船和月亮山等，这些刻纹图形在许多出土文物中可以寻找得到（如图 1-5）。

图 1-5　月神象征物刻纹图形

由世界各民族丰富的月亮神话可见，这朦胧清幽的月亮，在世界各族人民的脑海中激起了无限的遐想。

2. 古诗词中的月亮

自古以来，月亮是中国文学的主题之一，是无数文学艺术作品的灵感来源。无数文人墨客留下了许多咏月的名篇佳作。

月亮是文人情感的寄托。"举杯邀明月，对影成三人"，诗人李白在月夜独自一人喝酒，十分孤独，于是把月亮当作自己的酒伴，排解寂寞。"露从今夜白，月是故乡明"，古人睹物思人，把月亮当作思念故乡亲朋好友的寄托。"小时不识月，呼作白玉盘。又疑瑶台镜，飞在青云端"，诗人小时候不认识月亮，把它称为白玉盘；又怀疑它是瑶台仙镜，飞在夜空青云之上。受限于科技发展程度，古人只能通过肉眼观察月球，而月球又总是一面对着地球，看上去表面没有变化，由此月球被看成一面镜子或是一个盘子。也有人认为它是"一个球"：北宋科学家沈括通过观察研究月相盈亏，认为"日月之形如丸"，推断出月亮是球体，和现代天文学完全相符，令人叹服。"人有悲欢离合，月有阴晴圆缺"，唐宋八大家之一的苏轼在月亮的圆缺变化中感悟出了生活哲理：残月终会变成满月，满月过后又是残月，就像人生一样起伏不定、悲喜交加。这种认识使苏轼能够更坦然地面对人生的不圆满。"海上生明月，天涯共此时""湖光秋月两相和，潭面无风镜未磨"……许多我们耳熟能详的诗句，都与月亮有关。诗仙李白流传下来的九百多首古诗中，就有三百二十多首写到了月亮。

在中国文化里，月亮蕴含着深刻的原始文化，是中国人心灵的寄托。月亮的盈亏循环，不仅与中国农历有渊源，还影响着中国哲学对生生不息的生命精神和宁静品格的追求。而且，月光的清和、明亮、素雅，符合中华民族善良、平和、含蓄的性格特征。

3. 月亮的别称

（1）广寒宫。提起广寒宫，大家都知道指的是月宫。但是这个名字是怎么来的呢？

《明皇杂记》记载，唐明皇曾在梦中游览月宫，见到一座金碧辉煌的宫府，题有"广寒清虚之府"几个大字。唐明皇醒后便将梦中所看到的情景告诉群臣。这件事很快流传朝野，后人因而美称月亮为"广寒宫"。

（2）蟾宫。临近高考的时候，许多高中都会挂出写着"金榜题名，蟾宫折桂"的横幅，为高考的学生送去鼓励和祝福。这"蟾宫"指的就是月宫，"蟾宫折桂"这个成语在古时科举时代是考取进士的意思。不少地方还有这样的习俗：每逢科举考试之年（古代科举考试并不是像现在的高考一样每年都有），应试者及其家属亲友都会用桂花、米粉蒸成糕，称为"广寒糕"，相互赠送，取学子高中的好意头。

月宫为什么又叫蟾宫呢？在神话传说中，后羿之妻嫦娥在偷吃了长生不死仙丹以后，升天为仙，到月亮上变成了蟾蜍，成为月精，所居住的月宫便被称为蟾宫。

月亮的别称还有很多，人们常把美女比作月亮，故称月亮为婵娟；月光皎洁，因而月亮被称为玉壶；传说嫦娥住在月中，故也称月亮为嫦娥；初月如钩，故称银钩、玉钩；满月如轮、如盘、如镜，故称月亮为金轮、玉轮、银盘、玉盘、金镜、玉镜……月亮还有夜光、望舒、素娥等别称。这些别称异彩纷呈、充满诗情画意，同时也体现了古人对月亮的认识。

二、月球真相

每当太阳下山，夜晚来临，我们却没有进入一片无尽的黑暗中，因为有月亮在照亮着大地。月亮在茫茫黑夜中的确像是一盏微弱的灯，但其实它带给我们的这份光明不是它自己的，而是从太阳"借"来的。月亮其实是一个球体，也称为月球，它本身并不会发光，我们看到的月光实际上是太阳光在月球表面反射而来的。多亏了月亮，使我们不至于一到晚上就"两眼一抹黑""伸手不见五指"。

月球是地球唯一的天然卫星，就像地球的"保镖"，一直守在地球身旁（如图1-6）。在太阳系里，除水星和金星外，其他六大行星都有自己的天然卫星。

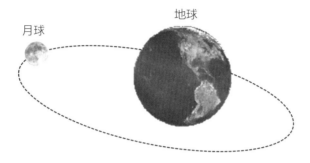

图1-6　月球是地球的卫星

月球比地球小得多，它的直径为 3 476.28 千米，相当于地球直径的 1/4（如图1-7）；表面积为 $3.79×10^7$ 千米^2，是地球表面积的 1/14，约相当于 4 个中国的陆地面积；体积为 $2.199×10^{10}$ 千米^3，只有地球的 1/49。这些数据显得月亮很小，而我们看到天空中月亮和太阳好像差不多大，这是因为月球距离地球近，月地平均距离为 384 400 千米（目前客运飞机的速度约为 900 千米/小时，以这样的速度从地球"飞"向月球，需要约 18 天的时间），比日地距离（$1.496×10^8$ 千米）近得多。离得近些，看起来自然就更大些了。

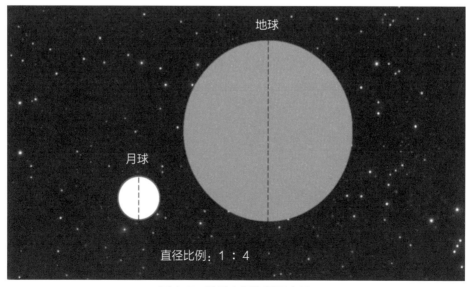

图1-7　地月直径比例示意图

月球的质量也比地球小，约 7.349×10^{22} 千克，相当于地球质量的 1/81，引力也小：月球表面的重力加速度为 1.62 米/秒^2，是地球表面重力加速度的 1/6，即月球上的重力只有地球重力的 1/6。也就是说，一个在地球上体重为 60 千克的成年人，到了月球上体重就只有 10 千克了。这个人并不是到了月球上就变瘦了，而是受到月球的引力比较小。所以宇航员们在月面上行走和搬运仪器设备可就轻松多了！

图 1-8　留在月球上的仪器

也正由于月球引力小，无法吸引住空气形成厚厚的大气层，月球表面几乎没有空气和液体水存在。如果我们把一个物件放到月面上，它会静静待在那里几个世纪，甚至几千年不变，不会生锈，也不会腐烂。人类可以放心地在那里建设基地、放置仪器（如图 1-8）。

因为月球几乎没有大气层，阳光可以直达月球表面，没有云彩折射和反射，所以在月球上看不到美丽的朝霞和晚霞；即使在晴朗的白天，月球上的天空也不是蓝色的，而是一团漆黑；星星也不会闪烁。由于没有大气，声波无法在月球上传播，人在月球上是听不到任何声音的，更无法对话。宇航员在月球上怎么交流呢？总不能靠打手势示意吧。其实宇航员在月球上是通过无线电来对话交谈的，无线电波在充斥着空气的宇航服内再转换成声波，这样就有声音，可以交流了。空间站里也是有空气的，声波可以传播，跟地球上一样，所以在空间站中，宇航员脱掉厚厚的宇航服后也是可以正常对话的（如图 1-9）。

图 1-9　小学生利用无线电设备与美国宇航员通话

没有水，没有空气，便没有风、雨等天气现象，因而月球上的天气总是晴朗的。月球的白天受到太阳照射，有着刺眼的阳光，月面温度可高达127℃以上，而晚上一片漆黑，没有黎明和黄昏，夜间温度可降低到-180℃，昼夜温差达307℃。大家不妨设想一下：我们平时生活的地方在夏天最炎热的时候，气温大约是多少呢？当冬天我们穿上厚厚棉衣的时候，气温又是多少呢？在月球表面这种条件下，生命难以生存，所以月球表面到处是一片荒凉的景象，更不会是古人想象中的广寒宫仙境（如图1-10）。

图 1-10　宇航员拍摄的月球上荒凉萧瑟的景象

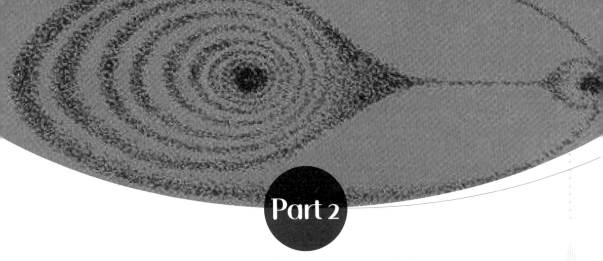

Part 2

月球起源假说

　　月球自诞生以来，一直围绕着地球旋转。作为地球唯一的天然卫星，月球是地球最忠实的"守护者"和"陪伴者"。宗教是最早探讨月亮起源问题的，后来哲学诞生，月亮起源问题便同地球起源问题一样，成为哲学的基本问题。直到近代科学产生以后，月球的起源才成为科学探讨的问题之一。虽然在20世纪60年代美国"阿波罗11号"飞船的宇航员就登上了月球，但是随着月面探索的展开，关于月球的未解之谜却是有增无减，其中最大的未解之谜就是月球的起源。有关月球起源与演化的假说很多，没有统一、确定的答案。现在学术界关于月球起源的猜想大致有以下5种。

一、分裂说

　　分裂说也叫共振假说。1879年乔治·达尔文（他的父亲查尔斯·罗伯特·达尔文是著名的生物学家，著有《物种起源》，为进化论奠定了科学基础）提出：月球本来是地球的一部分，由于地球自转速度太快，把地球上一部分物质抛了出去，这些物质脱离地球后形成了月球。这就像是分娩，地球"母亲"生下了"孩子"——月球（如图2-1）；而月球从地球分裂出去时在地球上留下的"伤疤"，就是现在的太平洋。

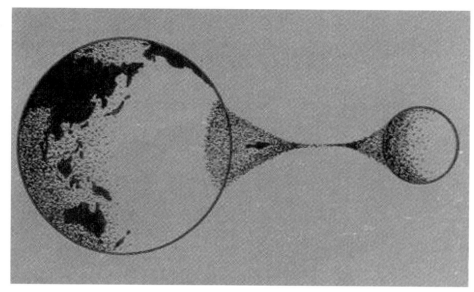

图 2-1 月球"分裂说"示意图

如果月球真的是从地球分裂出去的，那么它的化学成分、密度等都应该与地球的一致或差不多，可事实并非如此。科学家们通过对"阿波罗 12 号"飞船从月球上带回的岩石样本进行化验分析，发现地球和月球的物质成分相差甚远：地球的平均密度为 5.52 克/厘米^3，月球的平均密度却只有 3.34 克/厘米^3；月球上的铝、钙等化学元素比地球上多得多，而镁、铁等要少得多。

有的科学家对太平洋的年龄进行计算，发现太平洋的年龄只有 1 亿年，和月球的年龄相差悬殊。按照地球分裂假说，月球的形成应该在时间上晚于地球，或者至少在时间上与地球一样。但是，根据对月球上带回的样本分析，月球上岩石的年龄至少在 50 亿年以上，甚至和宇宙同龄；而地球只有 46 亿年的历史。也就是说，地球比月球"年轻"许多，与"分裂说"的说法相悖。也有人认为，以地球的自转速度是无法将那么大的一块东西抛出去的。

二、同源说

18 世纪法国天文学家布丰是最早提出同源学说的科学家之一。布丰认为，太阳系的所有天体都起源于一次彗星对太阳的猛烈碰撞所剩下来的碎块。随后，德国的康德和法国的拉普拉斯提出著名的"星云说"，进一步丰富了同源说。他们认为月球和地球都是同一弥漫物质形成的，这团弥漫物质的大部分形成地球，小部分形成月球，或者地球形成后剩余的物质形成了月球。

　　原始太阳星云的温度和化学成分是由它们与太阳的距离决定的，星云中不同区域、不同化学成分的星云物质凝聚、吸积而形成太阳系的各个行星。月球与地球在太阳星云中相距较近，形成过程相似，而在吸积过程中，地球比月球相对快一点，成为"哥哥"，月亮便成为"弟弟"（如图 2-2）。

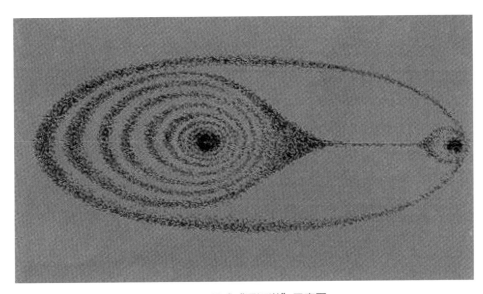

图 2-2　月球"同源说"示意图

　　然而，通过对"阿波罗 12 号"飞船带回来的月岩样本进行化验分析，人们发现月球比地球古老得多。同源说力图合理解释地月成分的差异和月球的核、幔与壳的组成，但其模式却与太阳星云的凝聚过程和地月系的运动特征不尽相符。因此，这一假说存在缺陷。

三、俘获说

　　俘获说是由瑞典天文学家阿尔文提出的，他认为月球是太阳系里一颗普通的小行星，偶然运行到离地球很近处被地心引力所俘获。月球被俘获后，由十一些消耗效应（潮汐作用、小行星撞击等）减小了月球的动能，使得月球相对地球速度减小，被俘获的月球不能逃离地球，最终成为地球的卫星（如图 2-3）。

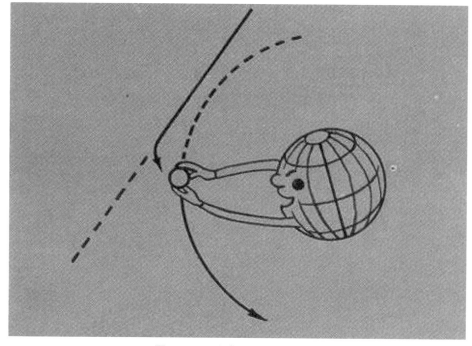

图 2-3　月球"俘获说"示意图

　　但这种说法难以进行圆满的理论解释，因为按照引力理论，要使月球经过地球时能够被地球吸引进入轨道，其速度、角度要极其精确，因为距离太近可能就会撞上，过远又可能捕捉不到。更何况对地球而言，月球这个卫星太大，地球的质量仅是月球的81倍，想要俘获像月球那么大的一个天体，以现在地球的质量是远远不够的。要想俘获它着实力不从心，至多也只能改变一下月球的运动方向。所以月球被地球捕获并成为地球卫星的概率非常低。

四、撞击成因说

　　撞击成因说又被称为"大碰撞分裂说"。1986年3月，美国科学家本兹、斯来特里以及卡梅伦在美国休斯敦举行的一次月球和行星讨论会上提出，地球早期受到一个火星大小的天体撞击，剧烈的碰撞改变了地球的运动状态，使地轴倾斜，而且还使小的天体被撞击破裂，硅酸盐壳和幔受热蒸发，膨胀的气体以极大的速度携带大量尘埃飞离地球。飞离地球的气体和尘埃没有完全脱离地球的引力控制，通过相互吸积而结合起来，形成全部熔融的月球，或者是先形成几个分离的小月球，再逐渐吸积形成一个部分熔融的大月球。

撞击成因说可以合理地解释地月系统的基本特征，如地球自转轴的倾斜与自转加速、月球轨道与地球赤道面的不一致、月球的密度比地球低，以及月球形成初期曾产生过广泛熔融、存在过岩浆洋等事实，因此撞击成因说是当今较为合理、较为成熟的月球起源学说。但是若真发生这样的碰撞，则碰撞过程中所释放的巨大能量以及随后在地球轨道中发生的物质重聚将融化整个地球外壳，形成岩浆海洋（如图 2-4）。目前，大碰撞假说还未得到天文学家的普遍认可，需要进一步验证和研究。

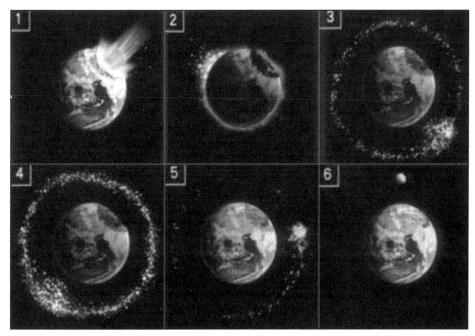

图 2-4　月球"撞击成因说"示意图

五、宇宙飞船说

面对月球的种种谜团，科学家们绞尽了脑汁还是没有找到一个令人满意的答案。苏联科学家谢尔巴科夫和瓦西里于 1957 年提出了一套被称为"月球-宇宙飞船"的理论来解释月球起源：他们认为月球事实上是一个经过某种智慧生物改造过的星体，加以挖掘形成太空船，其内部载有许多该文明的资料。它被操纵着来到地球身边，利用地球的引力再加上月球的"人为"原动力而

图2-5 科幻电影中的宇宙飞船形象

固定在现有的轨道上。后来有"UFO"(不明飞行物)研究者认为,外星人将月球弄到地球身边来是为了控制地球不变轨,以保证太阳系的相对稳定(如图2-5)。

如果该假说成立,那么月球应该是中空的,月球的所有天文参数都应符合这种特性。苏联两名科学家的假说得到了许多事实的支持。美国多次载人登月的"阿波罗"飞船飞行证明,"宇宙飞船说"可以解释多项观测结果。宇航员在月面上做的月震试验等都表明月球可能是中空的,可产生如铜钟般的震动效果,再加上月面环形山不论大小,其深度都大致相同,说明月表下层有加固刚体的可能。月球过去曾离地球较近,现在缓慢离开地球,轨道越来越远。如此种种,都说明月球很可能是受外星人操控而来到地球身边的一个外星人"人造"天体。

虽然"宇宙飞船说"对月球存在的各种疑难问题可用"外星人所为"给出近乎完美的解释,但不得不承认,"宇宙飞船说"本身缺乏严谨、确定的科学依据。由于月球的身世给人们带来了太多的疑惑,人们一直搞不清楚月球的真实身份,才生出了这种离奇的学说。尽管这一种假说像是天方夜谭,然而宇宙的奥妙高深莫测,科学探索和认识是无穷尽的,我们尚不能将其一棒子打死而直接视为谣言或邪说。日心说最初不也被视作异想天开的想法吗?正是这份神秘,让月球更有魅力。正如著名法国作家维克多·雨果所言,"月球是梦的王国,幻想的王国!"

　　人类对月球的探索研究还在继续，相信随着科学的进步，未来会有更合理的月球起源假说出现，科学家们将会找到正确的答案。我们期待着这一天的到来。

Part 3

月球的外貌和结构

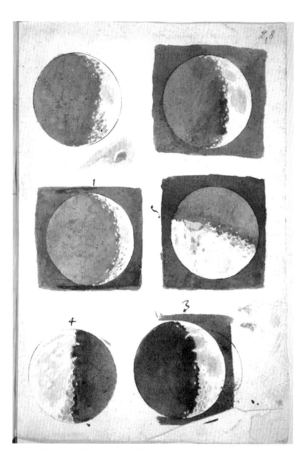

图 3-1 伽利略通过望远镜观察后手绘月面图

地球与月球的平均距离是 384 403.9 千米，仅凭肉眼，我们人类是无法将月球观察清楚的。随着科技的发展进步，1609 年，受到荷兰眼镜商汉斯·里帕西发明的"魔管"（由一块凸透镜和一块凹透镜组成）的启发，意大利天文学家、物理学家和哲学家伽利略将质量良好的透镜放入管中，并调整透镜在管子里的位置，进而制造出了世界上第一架望远镜——伽利略望远镜。从此，人类开始了对月球真面目更清晰的观测（如图 3-1）。

与地球表面复杂的大气环境及频繁的地质活动不同，月球表面几乎没有大气层和液态水，也几乎没有受到较近年代地质活动的影响。塑造月球表面形貌的主要因素为月球早期的岩浆活动、外来天体的撞击、昼夜和阴阳面的温差、太阳风和宇宙射线等，这些作用中外来天体的撞击对月球地貌的影响是最大的。因此，月球有着凹凸不平的特殊地貌。

通过观察天文爱好者们利用天文望远镜拍摄的月球照片，我们可以发现月球表面有阴暗区域和较大片的明亮区域（如图 3-2）。那么实际上这些区域是什么呢？

图 3-2　月球表面的明暗区域

一、月陆

月球上的明亮区域是高地，那里山脉纵横，被称为月陆。月球上的阴暗区域是低地，被称为月海。月陆一般比月海高出 2~3 千米，因而它的反射率较高，看起来比较明亮。在月球正面，月陆的面积与月海面积大致相等，但在月球背面，月陆的面积要大得多。不仅如此，科学家通过对月球岩石样本进行同位素测定，还得知月陆比月海古老得多，具有月球上最古老的地形特征。

017

二、月海

月球上的阴暗区域是平原或盆地等低陷地带，那里曾存在着大面积的熔岩流，并没有发现任何形态的水，反射率低，因此显得阴暗。其面积较大的被称为月海，面积较小的被称为月湖、月湾或月沼。已确定的月海有 22 个，绝大多数分布在月球正面。其中，月球最大的月海：风暴洋（如图 3-3），位于月球西半球，面积约 5×10^6 千米^2，差不多是法国面积的 9 倍，比地球上地中海的面积还要大得多。

图 3-3　月球最大的月海：风暴洋

三、环形山和火山

　　无论是在月海还是在月陆上，都有一种周边凸起、中部低凹的环形隆起，叫作环形山，也称月坑。大多数环形山都以地球上著名科学家的名字命名，如张衡环形山、祖冲之环形山、郭守敬环形山、哥白尼环形山和牛顿环形山等。月球上最大的环形山是其南极附近的贝利环形山（如图 3-4），直径 295 千米，可以放得下整个海南岛；而小的月坑直径只有几十厘米甚至更小。

图 3-4　月球最大的环形山：贝利环形山

　　月球上为什么环形山遍布呢？人们认为，环形山可能是由陨石撞击或者火山活动形成的。

　　主张陨石撞击的人认为，在距今约 30 亿年前，太空中能成为陨石的星体很多，且月球正处于半融熔状态。巨大的陨石撞击月面时，在其四周溅出岩石与土壤形成了一圈一圈的环形山。又由于月面上没有风雨洗刷与剧烈的地质构造活动，所以当初形成的环形山就一直保留至今。

支持火山活动形成环形山的人认为，月球形成后不久，月球内部的高热熔岩与气体冲破表层，喷射而出，就像地球上的火山喷发。起初喷射威力较强，熔岩喷出又高又远，堆积喷口外部，形成环形山。后来喷射威力减弱，喷射堆积只在中央底部，堆成小山峰，就是环形山中的中央峰。有的喷射熄灭较早，或没有再次喷射，就没有形成中央峰。

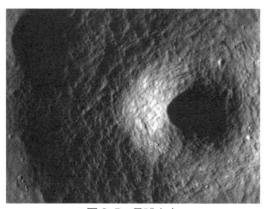

图 3-5　月球火山

月球的表面被巨大的玄武岩（火山熔岩）层所覆盖。在月球的阴暗区，还存在着其他火山特征，如火山锥、蜿蜒的月面沟纹和黑色的沉积物。大部分月球火山的年龄在 30 亿 ~40 亿年之间（如图 3-5），即便是最年轻的月球火山也有 1 亿年的历史；而地球火山的年龄一般都小于 10 万年。年轻的地球火山仍然十分活跃，然而月球却没有任何新近的火山和地质活动迹象。因此，天文学家称月球为"熄灭了"的星球。

四、山脉与辐射纹

在月球上，也存在着一些山脉，高度达 7 000 ~ 8 000 米，但数量并不多（如图 3-6）。月球上的山脉常借用地球上的著名山脉命名，如阿尔卑斯山脉，高加索山脉等。月球上的山脉有一个特点：两侧的坡度很不对称。向着月海的一侧坡度很大，有时为断崖状；另一侧则相当平缓。根据"嫦娥一号"探测器获取的数据，中国科学家首次精确地测出月球最高峰莱布尼兹山的高度是9 840 米，远远超过地球上的最高峰——我国的珠穆朗玛峰。在此之前，人类对此的了解一直停留在 1994 年美国"克莱门汀号"月球探测器得出的月球最高点 8 000 米的结果。我国的"嫦娥一号"刷新了人类对月球最高点的认识。

月面上一些较"年轻"的环形山常带有美丽的"辐射纹"，这是一种以环形山为中点向四面八方延伸的亮带，它几乎以笔直的方向穿过山系、月海和环形山，延伸数千千米（如图 3-7）。其中以第谷环形山和哥白尼环形山的辐射纹最为优美，在满月时从地球上观看是清晰可见的。

图 3-6　月球西南 - 东北方向延伸的条带状地貌是亚平宁山脉

辐射纹

图 3-7　月球表面的辐射纹

五、月谷和月溪

图 3-8　阿尔卑斯月谷

月面上还有一种构造——那些看起来弯弯曲曲的黑色大裂缝，较宽的被称为月谷，较细长的被称为月溪，看起来很像地球上的沟谷（如图 3-8）。最长的月谷是斯涅利马斯月谷，长约 592 千米；而最宽的月谷是英希拉米月谷，位于东海盆地南边，宽度约有 40~55 千米。

六、月球的结构

和地球一样，月球内部也具有圈层结构，从中心到月表，月球依次可分为月核、月幔和月壳三个圈层。月球内部各圈层的厚度划分主要是根据月震波波速的变化而得出的（地球的圈层结构划分也是应用了这个原理，根据地震波在地下不同深度传播速度的变化得出）。在月壳中，月震波波速是连续平稳过渡的，但在月壳与月幔交界处，月震波波速发生了突变（如图3-9）。

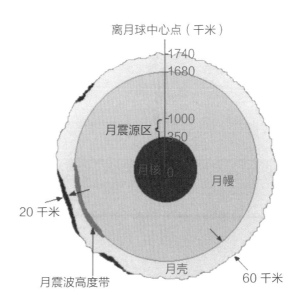

图3-9 月球圈层构造示意图

023

1. 月核

从月球中心算起，半径约为350千米的范围区域称为月核，月核温度可达800℃。根据月震数据，科学家得知月球不可能像地球一样有一个高密度的铁镍金属核，而可能是由热的，具有一定可塑性的，部分熔融铁、镍、硫所组成的月核，相当于地球的软流圈。

2. 月幔

月核外的圈层是月幔。根据天然月震和陨石撞击事件的记录，月幔的厚度约为1330千米。穿过此深度后，月震波速很快衰减，表明其内部物质是不均一的，有可能存在熔融层。因此月幔又被细分为上月幔、下月幔和衰减带。在接近月核的月幔区域，岩石发生了部分熔融，是深月震的发源地。科学家估算出月幔的温度约为500℃。

3. 月壳

月壳由月陆月壳和月海月壳构成，其中月陆占月球表面面积的83%。另外，不同区域的月壳厚度是不同的，一般情况下，月球正面月壳的平均厚度约为50千米，背面月壳的厚度平均约为74千米。

我们都听说过地震，可能有些读者还亲身经历过地震。那么月震是怎样的？有没有什么特别之处呢？月震其实就是发生在月球上的"地震"。月震分

为浅层月震和深层月震。浅层月震发生在月壳表层 0~200 千米之内，每年大概发生 1~5 次，产生于月壳的断裂带上；深层月震则发生于 600~1 000 千米深的月幔之中。月震强度比地震小，最大的月震强度仅相当于地震的 1~2 级。1969 年，"阿波罗 11 号"飞船首次载人登陆月球，并在月球上架设了 5 台能连续向地球发回月震记录资料的"月震仪"，从此人类开始了月震观测与研究（如图 3-10）。科学家指出，了解月球内部结构的最好方法就是研究月震波。

图 3-10 "阿波罗 11 号"宇航员奥尔德林正在组装用来测量月震的实验器械

Part 4

月球的运动

一、月有阴晴圆缺

我们不是每晚都能看到月亮的，有时是因为云层太厚遮挡了视线而看不到，有时是因为月亮没有升起来。能看到月亮的时候，有时看到的是一轮圆月，有时只能看到月牙。古人也很早发现月亮的圆缺变化，"人有悲欢离合，月有阴晴圆缺"，文学家苏轼更是从月亮的圆缺变化中感悟人生。我们不禁要问了，月亮为什么会有圆缺变化呢？这种圆缺变化有什么规律呢？

1. 月相

月球是地球唯一的天然卫星，绕着地球公转，构成一个天体系统，叫作地月系。而月亮的圆缺变化与月球的公转有关。

月亮的圆缺变化叫作月相。月球是一个不发光的天体，我们看到的月光其实是月球反射的太阳光。月球运动到不同的位置，被我们看到的反射太阳光区域是不同的，因而存在圆缺变化（如图4-1）。

当月球和太阳在地球同一边，成一条直线时，月亮与太阳同时升起同时落下，在地球上看不到反射的太阳光，因而看不到月亮。这时是农历初一，称为朔。再过两三天，可以看到一点月牙，称为娥眉月。到了农历的初七或初八，月球、地球和太阳的位置可以看成垂直三角形。这时能看到月亮的一半，称为上弦月。当月球运动到与地球、太阳成一条直线并且月球和太阳在地球两边的位置时，这时是农历的十五或十六，称为望，在地球上能看到一轮满月。从朔到望，月亮每天都逐渐"变胖"。从望到朔，月亮则慢慢地"变瘦"。农历二十二或二十三时，月球运动到与日地连线垂直的位置，只能看到

月亮的一半，称为下弦月。农历二十七或二十八时，只能看到月牙，这时称为残月。

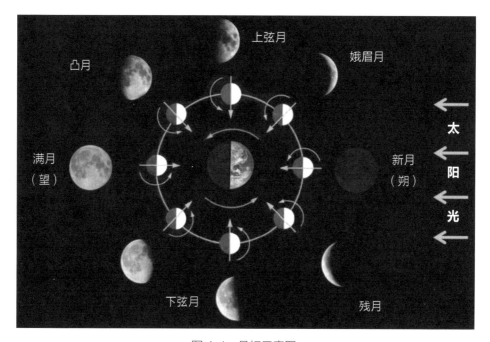

图 4-1　月相示意图

　　月相从朔到望，再从望到朔，称为一个朔望月，周期是 29.530 6 天。为了方便记忆月相，人们还编出了月相的歌谣。"月相跟着农历变，初一月亮看不见，初二初三一条线，初五初六变弯月，初七初八月上弦，初九初十变凸月，十五十六月亮圆，廿二廿三月下弦，廿七廿八月亮残。"

2. 超级月亮

　　月球公转的轨道是椭圆形的，叫作白道。白道上离地球最近的一点叫近地点，最远的一点叫远地点（如图 4-2）。当月球运动到远地点时，看到的月球会稍小一些；运动到近地点时，看到的月球会稍大一些。如果满月时月球刚好运动到近地点附近，这时见到的月亮会最大，称为超级月亮。

　　超级月亮这一概念最早是由美国占星师理查·诺艾尔于 1979 年提出的。与现在不同的是，满月或新月时月球运动到近地点都称为超级月亮，分别称为超级满月和超级新月。现今，超级月亮多指超级满月（如图 4-3）。

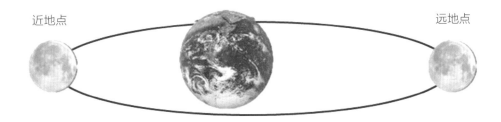

近地点　　　　　　　　　　　　　　　　　　远地点

图 4-2　月球椭圆轨道示意图

图 4-3　超级月亮

　　超级月亮和普通满月有什么不同呢？通常超级月亮看起来比普通满月亮6% 左右，比远地点时的满月大 14% 左右，肉眼观赏效果更佳。超级月亮是不是难得一遇呢？其实超级月亮是一种比较常见的天文现象，通常一年会出现3~4 次。2020 年出现 4 次超级月亮，分别是 2 月 9 日、3 月 10 日、4 月 8 日和 5 月 7 日。

二、月球总是一面对着地球

　　细心的读者会发现，从地球上看月球，总是只看到正面，看不到背面。为什么会这样呢？

　　月球的运动包括自转和绕地球公转。可能有人会问，我们看月亮的时候总是看到同样的斑点，月球好像并没有在自转呀？其实这一点恰好说明了月球在自转。假如月球没有自转，我们可以看到月球的全部，而不是半个月球（如图4-4）。

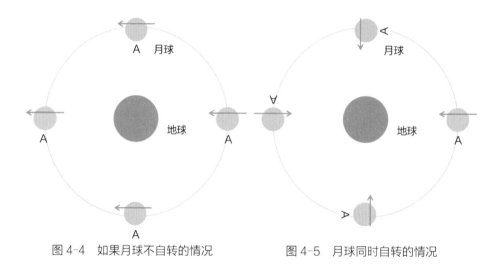

图4-4　如果月球不自转的情况　　　　图4-5　月球同时自转的情况

　　因为月球存在自转和公转，并且自转和公转的周期是一样的。也就是说，当月球经过其轨道的1/4时，它本身也自转了90°的弧度。我们能够看到的月面称为月球正面，而看不到的另一面称为月球背面（如图4-5）。

三、月球引力是潮汐的主要成因

　　月球作为距离地球最近的自然天体，对地球产生很大的影响。地球上的潮汐现象就与月球有关。居住在海边的读者可能会注意到每天的潮涨潮落。在涨潮时，海水有时会上涨好几米。几个小时之后，开始退潮，留下了一片裸露的海滩。潮汐是海水周期性的涨落现象。因为白天被称为朝，夜晚被称为夕，所以将白天出现的海水涨落称为"潮"，夜晚出现的海水涨落称为"汐"。

　　王充（东汉唯物主义哲学家，后汉三贤之一）在《论衡》中写道："涛之起也，随月盛衰。"在古代，聪明的劳动人民就已经察觉到潮汐和月球有一定的关系。然而对潮汐现象做出科学解释却是在牛顿发现了万有引力定律之后。牛顿于 1687 年提出万有引力定律，并证明了潮汐现象确实是由地球、月亮和太阳的相对运动及其引力的变化所造成的；月、日引潮力是产生潮汐的原动力，它是天体引力的组成部分。海水的涨落主要受月球引力的影响，受太阳的影响小很多，原因是太阳离地球远很多。

　　然而实际上地球表面并不是全部被海洋覆盖着，陆地的形状和分布毫无规则，海岸线破碎曲折，海底地形高低起伏，而且海水有黏滞性，种种因素都阻碍着潮汐的运动，使涨潮的高度、时刻、持续时间错综复杂，因时因地而异。所以具体的潮汐现象是非常复杂的。

　　潮汐有着三种基本类型：①一天内出现两次高潮和两次低潮称为半日潮。半日潮的前一次高潮和低潮的潮差与后一次高潮和低潮的潮差大致相同，涨潮过程和落潮过程的时间也几乎相等。②一天内只有一次高潮和一次低潮称为全日潮。③一月内有些日子出现两次高潮和两次低潮，但两次高潮和低潮的潮差相差较大，涨潮过程和落潮过程的时间也不等；而另一些日子则出现一次高潮和一次低潮；这些潮汐称为混合潮。

　　在新月和满月阶段，地球、太阳和月球三者都在一条直线上，月球和太阳对地球的引力相加，引起特别高的高潮，被称为"大潮"（如图 4-6）。月球月相为上弦月或下弦月时，地球、月球和太阳三者位置形成直角，月球和太阳对地球的引力有所抵消，所以所产生的潮汐高度也较低而被称为"小潮"（如图 4-7）。

　　可别小看潮汐力，地球上有亿万吨海水，在潮汐力作用下对海洋底部产生不小的摩擦，它好比是个加在地球自转速率上的制动器，原本好好地自转着的地球，却被一团海水拖了后腿，自转的速度不得不稍微放慢一点。这样的情况每时每刻都在地球的海面上发生，日积月累，后果终于变得不可忽略——其结果是大约每 10 万年加长 1 秒。

　　潮汐不仅会形成像我国著名的钱塘江大潮这样的自然景观，而且会深深影响着沿海沿江地区人民的生产和生活。钱塘江大潮是世界著名大潮之一，尤以农历八月十八日最为壮观（如图 4-8），历来被誉为"天下奇观"，每当钱塘江大潮来临时都会出现观潮热，众多媒体争相报道。

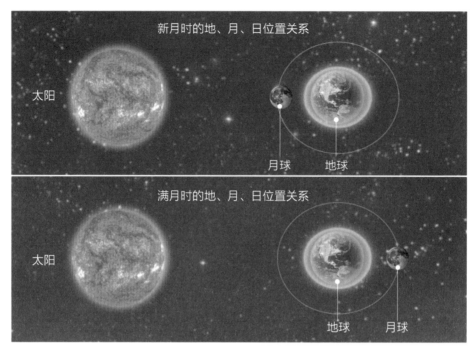

图 4-6　新月、满月时的地、月、日位置关系

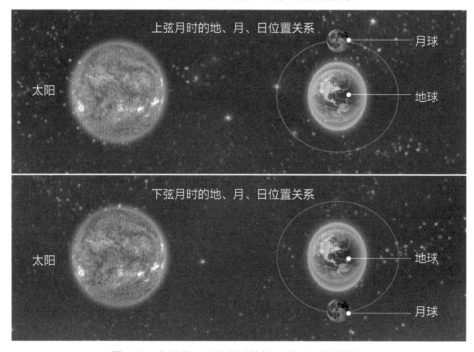

图 4-7　上弦月、下弦月时的地、月、日位置关系

图4-8 钱塘江大潮

　　长期生产实践使得沿海地区的人们将潮汐用于航运、农田灌溉、渔业、盐业等方面，而且经验丰富。潮汐储藏着很大的能量，建造潮汐电站可以利用这些能量发电，造福人类。

月食与日食

一、月食

　　月球、地球和太阳三个天体中，只有太阳能发光。我们知道物体被光照时会形成影子，月球和地球也不例外。月球运动到地日之间时，地球就有可能在月影中；地球位于日月之间时，月球就有可能在地影中。当月球在地影中会出现月食（如图5-1），地球在月影中会出现日食。

日、月、地位置示意

图 5-1　月食

　　当月球运动到地影中时，月球由于地球遮挡不能受到太阳光的全部照射，看起来缺了一块，这就是月食。古人认为月食是"天狗食月"。当月食发生的时候，人们就会以敲锣打鼓的方式来震慑"天狗"，让它把月亮"吐出来"。

　　地影在背向太阳的一面，那么是否每个望日月球都会"躲"进地影中呢？答案是否定的。月球运动轨道（白道）和太阳周年视运动的轨道（黄道）相交于相对的两个点，这两个点称为交点，交角约为5°。月球只有运动到交点及其附近，又刚好是望日，才会运动到地影中。也就是说，并非每个望日都会出现月食，但月食一定出现在望日。一般每年出现两次月食现象，最多会出现三次，有的年份一次也不发生。2021年有两次月食，分别是5月26日的月全食和11月19日的月偏食。

　　地影分为本影和半影。当月球全部位于本影时，月球表面昏暗，即为"月全食"；当月球部分位于地球的本影时，月球表面一部分白色，一部分古铜色，即为"月偏食"。而当月球进入地球的半影内时，月球看起来比平常昏暗一些，即为"半影月食"（如图5-2）。其中月全食最引人注目。

033

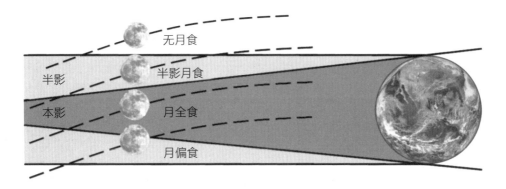

图 5-2　月食与地影关系示意

　　月全食的过程包括：初亏、食既、食甚、生光和复圆。初亏是指月球慢慢进入地球本影，与地球本影第一次外切。它是月全食开始的标志。食既是指月球刚好全部进入地球本影内。食甚是指月球的中心与地球本影的中心最近的时候。当月球刚开始走出地球本影时称为生光。复圆是指月球完全离开地球本影，这时月食全过程结束（如图5-3）。

复圆　生光　食甚　食既　初亏

地球本影　　　月球运动方向

图 5-3　月食过程示意图

月食是一种天文现象。出现月食时，没那么明亮的月亮能够让天文爱好者们观测到更多月面的细节；这一天象也是摄影爱好者们的摄影素材（如图 5-4）。

图 5-4　采用多重曝光技术拍摄的月食

二、日食

与月球运动相关的另一种天文现象是日食。当月球运动到太阳和地球之间（朔日），且月球刚好处于黄道和白道交点及其附近时，月球会遮掩太阳光，这就是日食（如图5-5）。

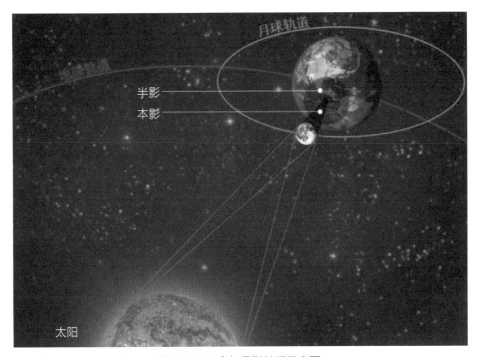

月球轨道

半影
本影

太阳

图5-5　日食与月影关系示意图

月影分为本影、半影和伪本影，当月球本影"落"在地球上时，位于本影区的人能够看到月球刚好遮住整个太阳，这时发生日全食（月球的视直径大于太阳）。而位于半影区的人看到月球只遮住一部分太阳，这时发生日偏食（如图5-6）。如果发生日食时，月球刚好运动到远地点，这时地球上的部分地区位于伪本影区，位于该地区的人们看到月球遮住一部分太阳并只剩下一个环（月球的视直径略小于太阳），这现象称为日环食（如图5-7）。

图 5-6　日偏食

图 5-7　日环食

　　日食和月食相比有很大不同。从观赏地区来看，只有位于月影区的人才能看到日食，且位于本影区和半影区看到的日食种类也不同。而月食发生时，在全球各地观赏到的情况都是相同的。从观赏时间来看，日食发生在朔日的白天，月食发生在望日的晚上。此外，观赏月食时人们可以直接观赏月食，而观赏日食时需要采取相关防护措施，以免阳光灼伤眼睛。

日食与月食也有相同的地方，日全食的过程也包括初亏、食既、食甚、生光和复圆。初亏：月球刚开始和太阳圆面接触，日食正式开始。食既：月球开始完全遮挡太阳圆面。食甚：月球处在太阳圆面的最中心区域，日食达到顶点。生光：月球处在太阳圆面的另一边边缘，太阳开始露出来。复圆：月球刚离开太阳圆面，日食完全结束。

日全食是美丽壮观的天文现象。月亮逐渐"啃着"太阳，直到整个太阳被"啃掉"。在太阳即将被月亮完全遮住时，太阳光从月亮的凹处露出来，形成非常美丽的景象，就像一枚钻戒，这种景象称为"贝丽珠"（如图 5-8）。

图 5-8 贝丽珠

日全食中能够看到的另一美丽景象是日冕（如图5-9）。日冕是太阳的一层稀薄气体，借助日冕仪或日全食时才能观测到。日全食出现时，太阳周围会出现白色的光芒，日全食消失后，这种光芒就观察不到了。白色的光芒就是日冕。

图5-9　日全食时观察到日冕

日全食和月全食一样，也是比较常见的天文现象。在全球，平均3年出现两次日全食。但由于只有位于本影区才能观赏到日全食，因此，对于某个特定的区域而言，出现日全食的可能性减小，平均300年才会出现1次日全食。

三、"变色"的月亮

夜空中，月亮有时候并不"安分"，会出现"变色"的情况，为寂静的天空增光添彩。

1. 红月亮

红月亮出现在月全食的过程中（如图5-10）。地球有一层大气层，可以折射和散射太阳光。发生月全食时，折射和散射到月面的红光最多，因而月亮看起来是血红色的，称为红月亮，又称红血月。

图 5-10　红月亮

　　通常我们看到的月亮是银白色的，有时候也会看到黄色、橙色的月亮。月亮本身不发光，只会反射太阳光。当地面大气成分、月亮在天空中的位置改变时，折射的太阳光有可能会发生变化，我们看到的月亮就"变色"了。在晴朗的夜晚通常看到银白色的月亮；多云或空气中水汽大、悬浮颗粒较多时，看到的月亮通常是黄色的；月亮在地平线的位置时，往往能看到橙色的月亮。

2．蓝月亮与黑月亮

　　（1）蓝月亮并不是指蓝色的月亮，而是天文历法中的一种特殊现象。

　　通常情况下，一个公历月份里只有一次满月，但有时也会例外。当一个公历月份里出现两次满月时，人们就给第二个满月起了一个充满诗情画意的名字："蓝月亮"。2018 年 1 月 31 日，在我国东部地区能够观赏到超级蓝月月全食，月亮位于近地点，刚好出现月全食，当天是 1 月份的第二个满月。

　　蓝月亮不是真正意义上的蓝色的月亮，那么我们有没有可能看到真正蓝色的月亮呢？还真有可能。据历史记载，蓝色的月亮曾出现过。1883 年，印尼喀拉喀托火山爆发后，当地人在这天夜晚就看到了蓝色的月亮，并且在以后的两年里，蓝色的月亮又接连出现。这次蓝色的月亮出现是因为火山喷发

产生的烟雾和尘埃集结在大气层中，只有蓝色光能通过。

（2）黑月亮也不是指黑色的月亮，而是一个天文术语。与蓝月亮相对应，当一个阴历月份中出现两次新月时，第二个新月被称为黑月亮。

"变色"的月亮为我们呈现了不少美丽景象，而蓝月亮和黑月亮"名不副实"，只是天文术语。

Part 6

农历是中国的伟大发明

月亮的圆缺变化会影响我们的生活，其中影响最明显的就是历法。古人很早就把月亮作为天然的计时器，并根据月亮圆缺变化周期制定了阴历。阴历是现存三大历法之一，此外还有阳历和阴阳历。

一、历法的由来

历法，简称"历"，是推算日月星辰的运行规律，并据此确定岁时节气的方法。在历法产生之前，古人经历了一段漫长的"观象授时"时期，通过观察天象（日月星辰的运行规律）、物象（动植物顺应节气而发生变化的现象规律）和气象（风雨雷电等气象变化所显示的规律）来安排生产生活。如春暖花开、万物复苏时，人们开始新一年的耕作。

随着科学技术水平的提高，人们对日月星辰运行规律的推算日益精确，历法应运而生。历法包括日、月和年。"日"即"天"，以 24 小时为一个周期。由于地球的自转，产生了昼夜交替现象，形成了"日"。"月"的形成与朔望月有关。"年"则因为地球绕太阳公转产生了四季变化而形成。

一"年"（回归年）为 365.242 2 日，一个"月"（朔望月）为 29.530 6 日。所以"年"既不是"日"的整数倍，也不是"月"的整数倍，"月"也并非"日"的整数倍。这导致确定每月的日数出现困难，确定每年的日数和月份数量也出现困难。为了调节"年""月""日"的关系，更好地服务生产生活，人们就编制了各种历法。

二、根据朔望月确立阴历

阴历是以朔望月为基本周期的，即根据月亮的月相周期来安排历法。也就是说从每个月的天数能够判断相应的月相，如十五满月。古人称月亮为太阴，因此阴历也叫作太阴历。一个朔望月为 29.530 6 日，不是日的整数倍，因而在实际安排中规定，大月为 30 天，小月为 29 天；大小月按一定比例相间排列。以 2019 年阴历排列为例，全年共有 6 个大月和 6 个小月，按一定规律排序（如图 6-1）。

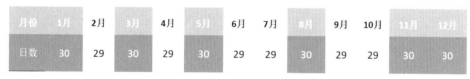

月份	1月	2月	3月	4月	5月	6月	7月	8月	9月	10月	11月	12月
日数	30	29	30	29	30	29	29	30	29	29	30	30

图 6-1　2019 年每月日数示意图（阴历）

一年 12 个月，因此阴历的一年共 354 天左右，比回归年（365.242 2 日）约少了 11 天。这也导致阴历与实际季节的对应会逐渐延迟，每过了 3 年，阴历的月份会比实际的季节晚 1 个月，每过 18 年，阴历的月份比实际的季节晚半年，这样人们就得在夏季庆祝新年了。

阴历是在古人对"月亮崇拜"的文化背景下产生的，但由于它与人们的生产生活不相协调，因而除了信仰伊斯兰教的国家，其他国家基本上废弃不用了。

三、农历是阴阳历

中国的农历有阴历的成分，农历按照月亮的圆缺周期来计算月份，每个月的十五月亮最圆，每个月的初一和最后一天，月亮只剩下月牙。

1. 设置闰月

阴历不能很好地对应一年四季的变化，为了避免差异积累得越来越大，农历采用的第一个调整措施是闰月：过一段时间就多增加一个月，这个月称为闰月。如 2020 年 4 月 23 日是农历的四月初一，2020 年 5 月 23 日是农历的闰四月初一，一年内有两个农历的四月，这样就大体保证了农历每一年的开始日期（正月初一，春节）所处的季节不变。

与农历日期相关的民间节日有：春节是正月初一，元宵节是正月十五，端午节是五月初五，七夕是七月初七，中元节是七月十五，中秋节是八月十五，重阳节是九月初九。

调整后的历法既有阴历的成分，也照顾到阳历的特点，因此这一历法被称为阴阳历。

2. 二十四节气

从农业生产的角度看，阴阳历没有指出农业生产的准确时间，这对于以农业生产为主的古人来说是很不方便的。为此，古代中国人专门对农业生产的时间进行了研究，设定了二十四节气。

古人根据太阳在黄道（太阳周年视运动的轨道）上的位置，将全年划分为二十四个节气，并参照天文季节、气候物象和农事意义给它们起了贴切的名字：立春、雨水；惊蛰、春分；清明、谷雨；立夏、小满；芒种、夏至；小暑、大暑；立秋、处暑；白露、秋分；寒露、霜降；立冬、小雪；大雪、冬至；小寒、大寒（如图 6-2 ）。

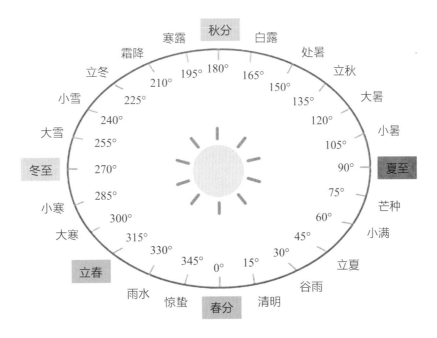

图6-2　二十四节气

二十四节气又分为"节气"和"中气"两组。以"立春"为第一个节气，顺序为奇数的是节气，顺序为偶数的是中气，二者交替出现，各历时 15 天。我国传统历法以二十四节气将回归年划分为十二个月，每个月各有一个节气和一个中气。节气是每个月的起点，中气是每个月的中点（如图 6-3 ）。

节气	立春	惊蛰	清明	立夏	芒种	小暑	立秋	白露	寒露	立冬	大雪	小寒
	1	3	5	7	9	11	13	15	17	19	21	23
	2	4	6	8	10	12	14	16	18	20	22	24
中气	雨水	春分	谷雨	小满	夏至	大暑	处暑	秋分	霜降	小雪	冬至	大寒

图 6-3　二十四节气中的节气和中气的排列顺序

二十四节气除了能够有效指导农事进程，还能够调节月份顺序（即月序），并通过设置闰月来避免季节与月份"错位"。农历上的月序是由中气决定的，与节气无关。规定含有中气"雨水"的月份为正月，含有中气"春分"的月份为农历二月，中气"谷雨"对应的月份为农历三月……以此类推。如果某个月份恰巧没有中气与之对应，则该月份定为"闰月"，为上一个月的重复。比如 2020 年的农历四月对应中气是小满，它后面的一个月份没有中气对应，所以后面的这个月份成为闰四月（如图 6-4）。

中气	雨水	春分	谷雨	小满	无中气	夏至	大暑
公历日期	2月19日	3月20日	4月19日	5月20日	闰四月	6月21日	7月22日
农历日期	正月廿六	二月廿七	三月廿七	四月廿八		五月初一	六月初二

中气	处暑	秋分	霜降	小雪	冬至	大寒
公历日期	8月22日	9月22日	10月23日	11月22日	12月21日	1月20日
农历日期	七月初四	八月初六	九月初七	十月初八	十一月初七	十二月初八

图 6-4　2020 年中气对应日期

由于二十四节气是以太阳周年视运动轨迹而确定的，所以节气在阳历中日期基本固定，上半年在 6 日、21 日，下半年在 8 日、23 日，前后相差 1~2 天。

为了便于记忆，人们编出了二十四节气歌诀：春雨惊春清谷天，夏满芒夏二暑连；秋处露秋寒霜降，冬雪雪冬小大寒；上半年在六二一，下半年在八二三；有时与此不相符，相差不过一两天。

二十四节气还以"三伏""九九"概念作为补充。"三伏"代表一年中"最热"时期的气候及物候状况（如图 6-5）；而"九九"代表一年中"最冷"时期的气候及物候状况（如图 6-6）。

图6-5 烈日炎炎

图6-6 黑龙江的雪景

图 6-7　丰收的麦田

　　2016 年 11 月 30 日，二十四节气被正式列入联合国教科文组织人类非物质文化遗产代表作名录。自 2018 年起，我国将每年的秋分日设立为"中国农民丰收节"（如图 6-7），这是第一个在国家层面专门为农民设立的节日。除此之外，我国与二十四节气相关的民间传统节日还有清明和冬至等。

3. 公历与农历比较

　　在生活中，我们更为普遍使用的历法是公历，公历属于三大历法之一的阳历。它是以地球绕太阳公转的运动周期为基础而制定的历法，又称太阳历。其月份与四季相对应，3 月份至 5 月份为春季，大地春暖花开（如图 6-8）、草长莺飞；6 月份至 8 月份为夏季，夏日炎炎、蝉声阵阵；9 月份至 11 月份是秋季，秋高气爽、五谷丰登；12 月份至第二年的 2 月份是冬季，寒风腊月、朔风凛冽。也就是说，公历能够反映季节的变化。

　　然而对比农历，公历却不能反映月相。且农历中的二十四节气使人们能比现行公历更精确了解和预知一年中季节、气候、物候的变化情况，便于人们安排生产生活及各项社会活动。农历兼有公历和阴历的优点，在科学理论和科学实用两个方面都比较完善。

四、农历是诞生在中国的伟大发明

中国古代非常注重天文观测，也密切关注四季气候与农业生产的关系，前人积累了非常丰富的经验，产生了很多种不同的历法。天干地支纪年法早在春秋时期就有记载，二十四节气在西汉《太初历》就已经完全确立。

在前人研究和经验积累的基础上，经过不断地调整和完善，最终形成了具有中国特色的农历，并一直沿用至今，成为中国人文化和生活的一个重要组成部分。

正如著名作家王蒙所说的："中国历法是兼顾了太阳、地球和月亮三者的运动与位置关系的，极聪明极全面极方便的历法，二十四节气、三九、三伏的计算，都精确地考虑到了地球的公转，是符合阳历要求的……中国历法是中国人民的伟大创造和对人类的贡献。"在历史长河中，农历既是传承了华夏文明的时间体系，也是中国人文化信仰与情感的时间呈现。我们应当重视农历，传承历史文化。

047

图6-8 春暖花开

Part 7

人类的探月历程

一、苏联"月球号"探月计划

1959 年，苏联开始了"月球号"探月计划，这是人类第一个探月计划。

1. 人类第一个月球探测器

1959 年 1 月 2 日，苏联发射了世界上第一个月球探测器"月球 1 号"（如图 7-1）。按照计划，"月球 1 号"将撞击月球。在飞向月球的过程中，"月球 1 号"携带的设备测量了月球的磁场、宇宙射线的强度及其变化，研究了太阳微粒辐射、星际气体成分和流星粒子，并拍摄了照片。然而第二天，"月球 1 号"没有按原计划飞向月球，而是在距离月球 5 995 千米处与月球擦肩而过，飞向深空。经过 9 个月的飞行，"月球 1 号"于 9 月 26 日进入日心轨道，成为第一颗太阳系人造行星，它围绕太阳公转，周期

图 7-1 "月球 1 号"

为 450 天。

2. 人类第一次月面硬着陆

1959 年 9 月 12 日，苏联成功发射"月球 2 号"。9 月 14 日，"月球 2 号"在月面的澄海硬着陆，成为第一个到达月球的月球探测器。"月球 2 号"在硬着陆前传回了月面图像、月球磁场和辐射带的重要信息。它的探测结果表明，月球没有磁场，周围没有像地球的范艾伦带一样的辐射带。

3. 揭开月球背面神秘面纱

1959 年 10 月 4 日，苏联成功发射了"月球 3 号"。"月球 3 号"的主要任务是揭开月球背面的神秘面纱。它环绕月球飞行，在经过月球背面的 40 分钟时间里，携带的两个光学相机对月面进行拍摄，拍摄的范围覆盖月球背面 70% 的区域，这是人类第一次看到了月球背面的神秘面孔。从"月球 3 号"传回的照片可以看到，月球背面几乎没有月海，布满了环形山。

在获得这些图像后，苏联天文学家对月球背面的地貌进行命名。为纪念苏联火箭研究先驱——齐奥尔科夫斯基，苏联将其中一个底部黝黑的周壁平原命名为齐奥尔科夫斯基；还有一处被命名为莫斯科海。后来美国加入探测活动后，整个命名事宜由国际天文学联合会统一协调处理。

4. 首次月面软着陆

1963—1965 年 间，苏联共发射了"月球 4 号"至"月球 8 号"共 5 个探测器，目的是进一步考察月球和进行月球软着陆。然而这 5 次探测均以失败告终。

1966 年 1 月 31 日，"月球 9 号"（如图 7-2）软着陆月球探测器发射升空，经过

图 7-2　"月球 9 号"探测器

79 小时的长途飞行，2 月 3 日成功降落在月球表面的风暴洋附近，成为世界上首个在月球上实现软着陆的探测器。

"月球 9 号"还是首个把科学仪器送上月球的探测器。它着陆约 4 分钟后，就开始对月球进行科研考察。7 小时后，"月球 9 号"向地球传送了世界首张月球表面的黑白全景高清晰照片（如图 7-3）。此外，它还测定了月球表面辐射量。2 月 7 日，"月球 9 号"因电池耗尽而停止向地球传送信息。

图 7-3　"月球 9 号"发回的月面图

5. 辉煌探月年

1966 年 3 月 31 日，苏联发射了"月球 10 号"（如图 7-4）。几天后，探测器进入环绕月球飞行的椭圆轨道，成为首颗人造月球卫星。"月球 10 号"一共在轨 56 天，绕月飞行了 460 圈，传回了大量的科学信息。它测量了月球表面的射电辐射，对月球的成分进行了分析。探测结果表明，月球上的岩石与地球的火山岩相似。此外，"月球 10 号"还证明了月球轨道外的辐射远未达到宇航员可承受的极限。

图 7-4 "月球 10 号"模型

1966 年是苏联探月史上成功的一年，成功发射了"月球 10 号"至"月球 13 号"共 4 个月球探测器，并且在月球探测技术上有巨大的飞跃。

6. 第一次实现无人月球采样返回

1970 年 9 月 12 日，苏联发射了"月球 16 号"。9 月 20 日，"月球 16 号"在月球轨道上飞行了 75 小时后，成功实现月面软着陆。着陆后不到 1 小时，"月球 16 号"上的自动钻机开始工作，在月面钻探 35 厘米，钻取了 105 克月壤样品。"月球 16 号"在月面上工作了 26 小时 25 分，9 月 24 日，它返回并安全降落在苏联境内。此前的月球探测器都是"有去无回"的，"月球 16 号"成功在月球采集月壤样品并返回地球（如图 7-5），是世界上第一个将月壤样品送回地球的自动装置。

图 7-5 "月球 16 号"带回的月壤样品

7. 人类第一次月球车巡视勘察

1970 年 11 月 10 日,"月球 17 号"发射成功。11 月 17 日,"月球 17 号"在月面雨海区域成功实现软着陆,并把世界上首个月面巡视探测器"月球车 1 号"送上月球考察。"月球车 1 号"安装了电视系统,用来给地面控制人员指挥月球车行走。

"月球车 1 号"的设计寿命为 90 天。后来它在月面上工作了 301 天,共行驶了 10.54 千米,考察了 80 000 千米^2 的月面,拍摄超过 20 000 张照片,在行车线的 500 个点上对月壤进行了物理和力学特性分析,并对 25 个点的月壤进行了化学分析。后来,直至它携带的核能耗尽才停止工作。

1971—1976 年,苏联陆续发射了"月球 18 号"至"月球 24 号"探测器,发射失利和探月突破并存。1976 年 8 月 9 日,最后一个月球号探测器"月球 24 号"发射升空。"月球 24 号"在月面钻采并带回 170.1 克月壤样品。至此,苏联对月球的无人探测宣告结束。

二、美国探月工程

1958—1976 年,美国共发射了 7 个系列 54 枚月球探测器,其中"先驱者""徘徊者""月球轨道器"和"勘测者"的任务是为"阿波罗"载人登月做前期探索和技术准备。

1. "先驱者"

1958—1959 年,美国发射首批月球探测器"先驱者"系列,其目标是在飞经月球时最大限度靠近月球，以便向地球发回准确的探测数据。

"先驱者 1 号"至"先驱者 3 号"探月器均失败，只有"先驱者 4 号"勉强成功，这几次发射也为后来的探月活动奠定了基础。

2. 月球硬着陆的"徘徊者"

"徘徊者"系列的主要目的是进行月球硬着陆实验。原计划发射 5 个月球探测器，而实际上在 1961—1965 年共发射了 9 个。

"徘徊者"号探测器前 6 个失败，后 3 个成功，共发回 17 259 张图片（如图 7-6），为"勘测者"系列和"阿波罗"系列探测活动提供了大量有价值的数据。科学家对"徘徊者"号拍摄的月球照片进行分析，认为月球上的月海与山口平滑的环形山几乎没有任何的不同特点，没有大的鹅卵石，没有裂缝。

图 7-6　"徘徊者 7 号"与拍摄的月球照片

3. 绕月测绘的"月球轨道器"

1966—1967 年，美国发射了 5 个"月球轨道器"，"月球轨道器"系列探测的主要任务是从月球轨道上拍摄月面地形图，为载人登月选择着陆点做准备。5 个探测器全部获得成功。"月球轨道器"系列探测器为后续载人登月的着陆点选择提供了遥感数据。

4. 不载人软着陆的"勘测者"

"勘测者"系列探测器是为"阿波罗"载人登月计划而制定的不载人软着陆试验。在1966年5月至1968年1月期间，美国共发射7个"勘测者"号月球探测器。

"勘测者"系列探测器有2个失败，5个成功，不仅突破了软着陆的关键技术，还获取了大量月球资料，考察了"阿波罗"登月地点中有代表性的地区，发现这些地区足以支撑住"阿波罗"登月舱，但月面上的岩石块很小，可能对载人登月不利（如图7-7）。这个信息对"阿波罗"登月计划是非常重要的。

图7-7 "勘测者7号"拍摄部分照片合成的第谷坑北部图像

5. 划时代的"阿波罗"探月计划

1961年5月25日，美国总统肯尼迪宣布，在20世纪60年代结束之前，将把人送上月球并安全返回地面，"阿波罗"计划正式启动。

（1）"壮志未酬"的"阿波罗1号"。1967年1月27日，"阿波罗1号"进行载人登月试验（如图7-8），先后出现宇航服供氧流量不足和通讯不畅等问题。更为严重的是，飞船座舱失火，营救人员来不及打开舱门，3名宇航员在这场火灾中遇难。

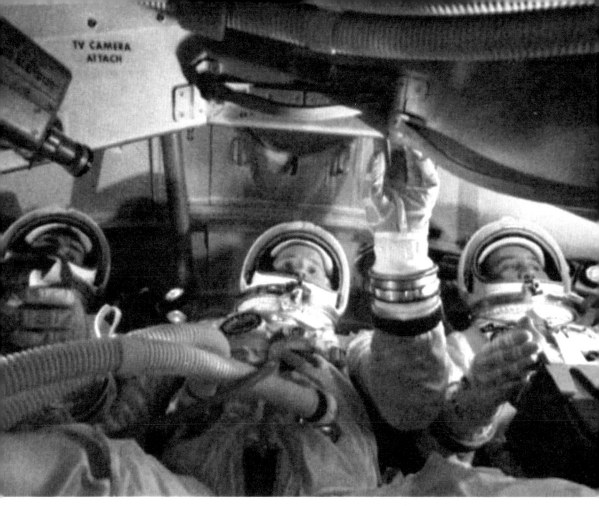

图 7-8 "阿波罗 1 号"3 名宇航员进行训练

  牺牲的勇士的形象时常萦绕在"阿波罗"飞船的计划者和工程师们的脑海中。格里索姆曾说:"我们是在从事一项极具风险的事业。如果事故真的落在我们头上,我们希望不要因此而影响整个航天计划。征服太空值得拿生命来冒险。"他们没有因为这次意外事故而终止整个计划的进行,而是用 1 年的时间全面检查计划和改进设计,避免悲剧再发生。

  (2)从"不载人"到"载人飞行"。吸取"阿波罗 1 号"的惨痛教训,1967—1968 年发射的"阿波罗 2 号"至"阿波罗 6 号"均为不载人飞船,在地球轨道上进行飞行试验。

  1968—1969 年,美国发射了"阿波罗 7 号"至"阿波罗 10 号"飞船,主要任务是进行载人飞行试验,检验飞船的可靠性,均完成了试验任务。其中"阿波罗 8 号"第一次成功实现载人绕月飞行。

  (3)首次载人登月的"阿波罗 11 号"。1969 年 7 月 16 日休斯敦时间上午 9 点 32 分,尼尔·阿姆斯特朗、巴兹·奥尔德林和迈克尔·柯林斯 3 名宇

航员乘坐"阿波罗 11 号"发射升空（如图 7-9）。这次他们的目的是实现人类的第一次登月。

图 7-9 "阿波罗 11 号"宇航员：阿姆斯特朗（左）、科林斯和奥尔德林（右）

  "阿波罗 11 号"在月面着陆后。阿姆斯特朗首先踏上月球，成为人类首个登上月球的宇航员（如图 7-10）。他说出第一句话："对于一个人来说这是一小步，对于人类来说这是巨大的一步。"20 分钟后，奥尔德林也走出登月舱，踏上了月球，成为第二位登上月球的宇航员。

  阿姆斯特朗主要负责收集月球岩石样本，他收集了 21 千克左右的月球岩石。奥尔德林将太阳风测试仪展开，负责进行太阳风科学实验。他还在月球表面留下月震仪和激光发射器。完成任务后，两位宇航员乘坐登月舱离开，与月球轨道上的柯林斯汇合。在 195 小时 18 分钟 35 秒的登月旅行之后，"阿波罗 11 号"的 3 位宇航员安全回到了地球。

图 7-10　踏上月球的第一只脚

057

（4）虽败犹荣。1970 年 4 月 11 日，宇航员詹姆斯·洛弗尔、约翰·斯威格特和弗雷德·海斯乘坐"阿波罗 13 号"发射升空。飞船在进入绕月轨道前，服务舱氧气罐发生爆炸，电力和氧气大量损失，登月计划不得不取消。3名宇航员在地面控制人员的密切配合下，操控飞船最终成功返回地球，成为登月史上最著名的一次"失败"（如图 7-11）。安全返回，虽败犹荣。3 名宇航员以及地面控制人员的英勇事迹后来也被拍成电影《阿波罗 13 号》。

图 7-11 "阿波罗 13 号"宇航员被救起

　　(5)登月"四连胜"。1971—1972 年，美国成功实现 4 次载人登月。随着技术的不断提高，人类在月球上停留的时间也越来越长，对月球的科学考察也越来越深入。

图 7-12 "阿波罗 17 号"宇航员正在采集月岩样本

　　"阿波罗"计划原定飞行 19 次，但在美国国内认为耗资过大的舆论压力下，最后以"阿波罗 17 号"飞船安全返回而宣告结束（如图 7-12）。美国率先实现载人登月（目前只有美国成功载人登月），在"美苏争霸"中获得了胜利。

　　20 世纪 50—70 年代，美苏处于探月的核心地位。这时候中国还没有探月计划。之后，中国提出了什么探月计划呢？中国的探月计划会顺利实施吗？

三、中国"嫦娥工程"

　　2000 年，中国科学院研究组完成了《中国月球资源探测卫星科学目标》研究报告，提出了"绕、落、回"三步走的设想。同年 11 月 22 日，国务院

新闻办公室发表《中国的航天》白皮书，"开展以月球探测为主的深空探测的预先研究"被列入了近期发展目标。

2004 年 1 月 23 日，国务院批准了国防科工委、财政部《关于绕月探测工程立项的请示》，标志着月球探测工程一期——绕月探测工程正式立项，从而开启了探月工程的光荣征程。2 月 25 日，经国务院批准，绕月探测工程领导小组成立，同时宣布我国绕月探测工程于当日起正式实施，并将绕月探测工程正式命名为"嫦娥工程"。

1. 一期工程："嫦娥绕月"

"嫦娥工程"第一阶段为绕月探测，即在 2004—2007 年研制、发射绕月探测器，实现对月球的全球性、整体性和综合性环绕探测。

2007 年 10 月 24 日，"嫦娥一号"卫星在西昌卫星发射中心成功发射（如图 7-13）。"嫦娥一号"主要用于获取月球表面三维影像、分析月球表面有关化学元素的分布特点、探测月壤厚度、探测地月空间环境等，首次实现了月球表面全覆盖拍摄（如图 7-14）。它还搭载包括《义勇军进行曲》《东方红》等 32 首代表性歌曲，在它绕月工作时，地面工作人员偶尔能听见它的歌声。

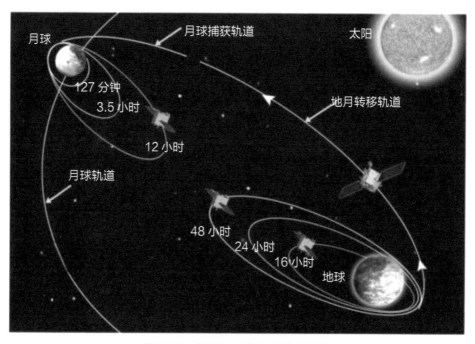

图 7-13 "嫦娥一号"飞行轨迹示意

"嫦娥一号"是中国自主研制并发射的首个月球探测器，它的成功发射使得中国成为世界上第五个发射月球探测器的国家。

为了积累落月过程控制和轨道测定方面的经验，2009年3月1日，"嫦娥一号"卫星在北京航天飞行控制中心科技人员的精确控制下，成功撞击在月球丰富海区域，成功完成硬着陆，中国探月一期工程"绕月探测"完美落幕。

2. 二期工程："嫦娥落月"

在"嫦娥一号"进行月球探测的同时，2008年2月国务院批准探月工程二期立项。"嫦娥二号"本是"嫦娥一号"的备份星，但因为"嫦娥一号"圆满完成了"绕月"任务，"嫦娥二号"由"替补"变身为"先锋"，为"嫦娥三号"在月球软着陆探路。

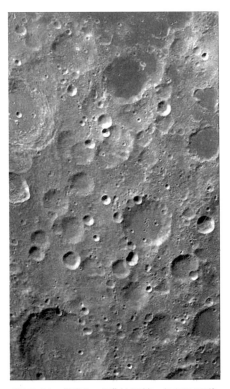

图7-14 "嫦娥一号"拍摄第一幅月面图像

2010年10月1日，"嫦娥二号"在西昌卫星发射中心成功发射升空，为肩负"落月"任务的"嫦娥三号"探路（如图7-15）。完成探路任务后，"嫦娥二号"还飞向小行星，对小行星图塔蒂斯进行了观测（如图7-16），成为世界第四个探测小行星的国家。

图7-15 "嫦娥二号"拍摄月球全图

日有圆缺

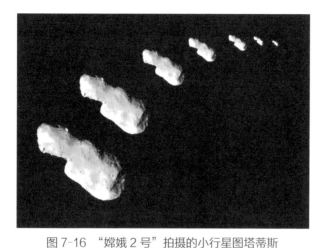

图 7-16 "嫦娥 2 号"拍摄的小行星图塔蒂斯

"嫦娥三号"担负着我国探月工程二期的主任务。"嫦娥三号"由着陆器和巡视探测器（即"玉兔号"月球车）组成（如图 7-17）。经过 5 年多研制，2013 年 12 月 2 日凌晨 1:30，"嫦娥三号"在西昌卫星发射中心成功发射，首次实现了我国对地球以外天体的软着陆，我国成为世界第三个掌握落月探测技术的国家。

图 7-17 "玉兔号"月球车

3. 三期工程："嫦娥"未动，"鹊桥"先行

2011 年 1 月 7 日，国务院批准探月工程三期立项，标志着中国探月工程"绕、落、回"三步走最后一步正式启动。第三阶段为采样返回探测，即在 2013—2020 年研制和发射采样返回器到月球表面特定区域软着陆并采样，将月球样品带回地球进行详细研究。

2016 年 1 月，经国务院批准，"嫦娥四号"任务正式实施，包括中继星和探测器两次任务。2018 年 5 月 21 日在西昌卫星发射中心成功发射了"鹊桥"中继星，是人类首颗月球通信中继星（如图 7-18），搭建起地月信息联通的"天桥"。同年 12 月 8 日在西昌卫星发射中心成功发射"嫦娥四号"。

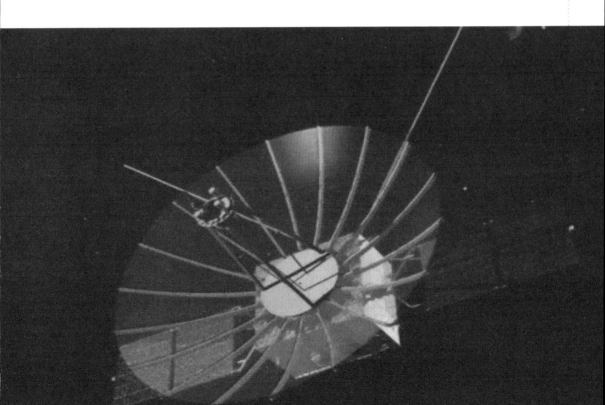

图 7-19　月球正面（左）和月球背面（右）

目前，"嫦娥四号"和"玉兔二号"月球车仍在月球背面探测。人类对月球背面有进一步的了解（如图 7-19）。

4. "嫦娥"还将继续奔月

"嫦娥五号"任务是我国航天领域实施难度大、复杂程度高的月球探测工程。"嫦娥五号"于 2020 年 11 月 24 日由"长征五号"遥五火箭运载升空，在月球上完成采样任务后，于 12 月 17 日携带月球样品返回了地球。至此，探月工程"绕、落、回"三步走的既定目标得以实现。

按照目前的规划，我国的探月工程在 2030 年之前至少还要进行 3 次探测任务。第一次是"嫦娥六号"任务，计划在月球南极进行采样返回；第二次是"嫦娥七号"任务，计划在月球南极进行一次综合探测，包括对月球的地形地貌、物质成分、空间环境等的探测；第三次是"嫦娥八号"任务，该任务除了继续进行科学探测试验以外，还要进行基于月壤的 3D 打印等关键技术的月面试验。

目前，中国、俄罗斯、美国和欧洲等国家和地区都在论证在月球表面建立一个科研基地或者科研站的可能性，不断深入探索月球，甚至使月球成为探索更远深空的前哨基地。月球探测活动呈现出"百家"探月，百花齐放的特点。

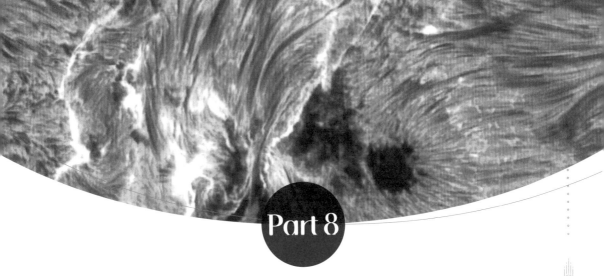

Part 8

月球未解之谜

一、月球是中空的吗?

1. "阿波罗"探月过程的偶然发现

（1）偶然飞行事故的神秘发现。1969年7月，在"阿波罗11号"探月过程中，当两名宇航员回到指令舱后3小时，"无畏号"登月舱突然失控，坠毁在月球表面。此时预先放置在离坠毁点72千米的月震仪记录到了持续15分钟的震荡声（如图8-1）。科学家分析，如果月球是实心的，这种震波只能持续3～5分钟。欧美报纸也曾报道，登月舱在首次和以后几次起飞时，宇航员们都听到过钟声，月球外壳，特别是背面像是特殊的金属制品。

（2）奇妙的月球钟声。1969年11月20日4时15分，"阿波罗12号"制造了一次人工月震，月球振动了55分钟以上，由月震仪记录到的月面"晃动"曲线是从微小的振动开始逐渐变大。接着"阿波罗13号"进行的人工月震实验也获得长达3小时的振动。"阿波罗14号"和"阿波罗15号"宇航员都分别在月球不同地点制造不同强度的人工月震，月球对撞击的反应都像一个铜鼓被撞击，振动持续3小时左右，最远可达到距离撞击点约1 100千米处。

2. "月球-宇宙飞船"理论

（1）金属质的月壳。根据几次人为的月震实验和月震记录分析，都得出相同的结论：地球在地震时所发生的反应与月球在发生月震时的反应是完全不同的，月球内部并不是冷却的坚硬熔岩。一些科学家认为，在月球表面岩石和月球土壤内有一个平均厚度为32.2千米壳体。

图 8-1 "阿波罗 11 号"宇航员布置月震仪

　　著名科学家冯·布劳恩博士（如图 8-2）指出，振动被"慢慢"传导到月面下 24.1 千米的深度，在那里便开始"加速"，这种加速现象是月球内部物质密度的差异造成的。在 64.4 千米的深度振动传导速度是 9.7 千米 / 秒。就算 64.4 千米处是受到极大压力的岩层，也不会以 9.7 千米 / 秒的速度传导振动。如果是一般金属的话，振动传导便会加速，金属质的岩石传导振动的速度要比普通岩石快，这说明月球内部存在一个金属层或一个金属质岩层。月面上昏暗的月海是钛、钼、铍等金属的丰富宝库，这些金属在地球上是稀有的。通过比较声音在这些金属内的传导速度，我们确信月球外壳也是由类似的金属构成的。

（2）"月球－宇宙飞船"假说。1970 年，苏联科学家亚历山大·柴巴可夫和米凯·威新提出一个令人震惊的"月球－宇宙飞船"理论来解释月球的起源。他们认为月球事实上不是地球的自然卫星，而是一颗经过某种智慧生物改造的星体，15 亿年前被有意地置放在地球上空，它是外星人的宇宙飞船。科学家们认为从月球的密度可以推测月球是空心的。月球的平均密度为 3.33 克／厘米³，而地球的密度是 5.5 克／厘米³。然而"阿波罗"登月取回的月海岩石的密度远大于地球密度，之所以造成月球密度小

图 8-2　科学家冯·布劳恩在肯尼迪航天中心

于地球密度，是因为月球的内部是空洞的。

在最初的对月球运转的研究中，有迹象表明月球是一个中空的球体，但在以后的研究中这个结果又发生改变，这让科学家非常费解。"月球－宇宙飞船"理论认为月球存在了 15 亿年，则它的年龄应该比地球小 25 亿～30 亿年。但宇航员由月球带回来的岩石标本分析证明月球可能在 70 亿年前生成，比地球和太阳的年龄还古老。这又是一个难解之谜。月球是不是空心的？这需要人类继续探索。

二、月球上的神奇辉光

1778 年 6 月 25 日，英国有 5 个人在不同的地方同时发现在弯弯的月钩尖上，有一种奇怪的闪光。1783 年，天王星发现者威廉·赫歇尔在用望远镜观测月球时，发现"在月球的阴暗部分，有一处地方在发光，其大小和一颗 4 等星红色暗星相仿"。1787 年，他又观测到这种现象，并形容它"好像是燃烧着的木炭，还薄薄地蒙上一层热灰"。1949 年，英国天文学家穆尔也连续

两次见到了月面上发出的辉光。

1. 阿利斯塔克环形山上的异常现象

（1）柯兹列夫的发现。1955 年，苏联科学家柯兹列夫在阿利斯塔克环形山发现过类似的异常发亮现象，他怀疑那是火山喷发。1958 年 11 月 3 日凌晨，柯兹列夫在观测月球环形山的时候，发现阿尔芬斯环形山口内的中央峰变得又暗又模糊，并发出一种从未见过的红光。2 个多小时后，他再次观测这片区域时，山峰发出白光，亮度比平常几乎增加了一倍。第二晚，阿尔芬斯环形山才恢复原先的面目。 1961 年，柯兹列夫又在阿利斯塔克环形山观测到他熟悉的异常现象。不同的是，光谱分析明确证实这次所溢出的是氢气。

（2）"阿波罗 11 号"宇宙飞船的探索。1969 年 7 月，首次载人登月飞行的"阿波罗 11 号"宇宙飞船在到达月球附近和环绕月球飞行时，曾经根据预定计划，对月面上最亮的这片阿利斯塔克环形山地区进行了观测。这座著名环形山的直径约 37 千米，山壁陡峭而结构复杂，底部粗糙而崎岖。当飞船指令长阿姆斯特朗从环形山的北面进行俯视时，他向地面指挥中心报告说："环形山附近某个地方显然比其周围地区要明亮得多，那里像是存在着某种荧光那样的东西。"遗憾的是，宇航员们没有对所观测到的现象做进一步的解释。

2. 神奇辉光到底是什么？

（1）红色发光现象。1963 年 11 月 1 日，英国曼彻斯特大学的两位研究员在拍摄开普勒环形山及其附近地区的照片时，注意到就在这片区域内，在 2 小时内出现两次红色发光现象，每次发光的面积都超过了 10 000 千米^2。

他们对这次发光现象提出了自己的见解：红色发光现象持续时间不长而面积大，这不可能是由某种月球内部原因造成的，而应该起因于太阳。由于月球不存在大气，月面会受到紫外线、X 射线、γ 射线等全部太阳辐射的猛烈撞击，这时，月面的某些地方有可能被激发而发光，面积也可能比较大。他们明确提出，开普勒环形山这两次发光现象的根源在于太阳面上出现耀斑（一种太阳大气层运动现象）。11 月 1 日那天，太阳上出现了 2 次规模不算大的耀斑（如图 8-3），它们的时间间隔与开普勒环形山的 2 次红色发光现象的时间间隔基本一致。

两位英国科学家的观点比较新颖，但没有得到广泛的支持。因为如果月面辉光现象与太阳耀斑有关的话，那么月球发光现象应该有周期性，而且太阳活动极大，耀斑出现较多的年份里，发光现象也应该出现得更多。但观测表明，发光现象紧随耀斑而出现的情况没有发生过。

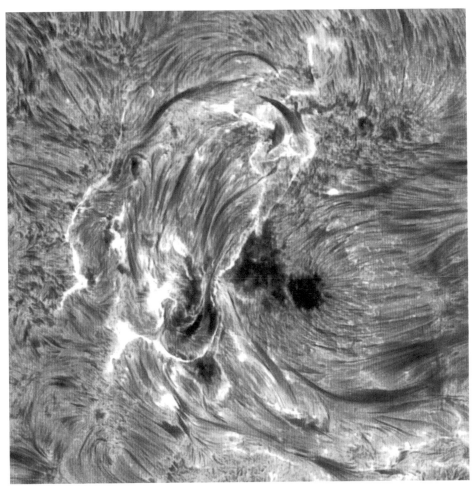

图 8-3　太阳耀斑

069

　　（2）月球上的神秘亮点。1985 年 5 月 23 日，希腊的一位学者连续拍摄了 7 张月球照片，得到的月球照片中发现其中一张照片上出现了一个清晰的亮点（如图 8-4）。经过核查，这个亮点位于月球明暗界线附近的普罗克鲁斯C 环形山地区。这位学者认为，由于月面没有大气，被太阳照亮的月面部分与没有被照亮的那部分温度相差悬殊。当太阳照到月面上某个地区时，这个地区一下子从黑夜变成白天，温度迅速升高。强烈而迅速的温度变化使得月岩胀裂开来，被封闭在岩石下面的气体突然冲到月面，迅速膨胀，产生了明亮而短暂的发光现象。确实有人多次在月球明暗界线附近观测过这类短暂的发

光现象，但在阳光照不到的月球暗处也曾观测过这种发光现象，又该如何解释呢？

图 8-4　国外天文爱好者拍摄的月球和神秘亮点

三、月球上的红色斑点

　　人们不仅观测到月球上有辉光，还观测到月球上有红色斑点。

　　1963 年 10 月 29 日，美国洛韦尔天文台的两位天文学家发现了月球上的 3 个斑点。在阿利斯塔克环形山（如图 8-5）以东约 65 千米处见到一个椭圆形斑点，呈橙红色，长约 8 千米，宽约 2 千米。在它附近的一个小圆斑点清晰可见，直径约 2 千米。这两处斑点从暗到亮，再到完全消失，大约经历了 25 分钟。第三个斑点是一个长约 17 千米，宽约 2 千米的淡红色条状斑纹，位于阿利斯塔克环形山东南边缘的里侧，出现和消失的时间大体上比那两个斑点迟 5 分钟。

　　1963 年 11 月 27 日，他们又观测到奇异的红斑，也是在阿利斯塔克环形山附近。红斑长约 19 千米，宽约 2 千米，存在的时间长达 75 分钟。由于这次时间比较充裕，有好几位洛韦尔天文台的同事都看到了红斑，他们还拍下了照片。为了证实所观测到的现象确实存在，他们特地给另一个天文台打电话，告诉那里的朋友赶快观测月球上的异常现象，但故意没有说清楚是在月球上的什么地方。得到消息的天文台立即用口径 175 厘米的反射望远镜（那两位洛韦尔天文台的天文学家用的是口径 60 厘米折射望远镜）进行搜寻，很快就发现了目标。结果两处天文台观测到的红斑位置完全一致，说明观测无误。红斑确实是存在于月面上的某种现象，而不是地球大气或其他因素造成的幻影。

这两次色彩异常现象都是发生在阿利斯塔克环形山区域，而且都是在它开始被阳光照到不久之后不到两天的时间内，因此有人认为出现红色斑点的现象可能并不罕见，只是不知道它们在什么时间、什么地区出现，而且出现和存在的时间一般不长，要观测到不容易。这类现象也可能与太阳及其活动有关。另一种意见则认为，这类变亮和发光现

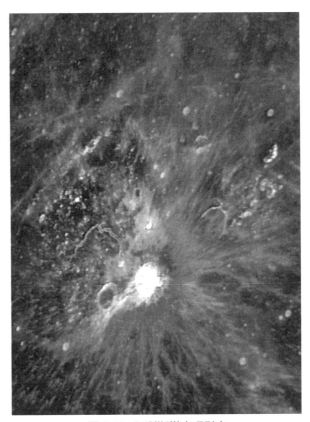

图8-5 阿利斯塔克环形山

象经常发生，单是在阿利斯塔克环形山区域，有案可查的类似事件至少有300起，表明它们是由于月球内部的某种或某些异常存在原因引起的。

月球上的红色斑点是什么呢？它与同样神秘的辉光有没有什么关系呢？我们目前还不得而知，但探索月球的脚步，永远没有停止。

四、月球上的神秘"人工建筑"

1954年，美国《纽约先驱论坛报》科学部编辑约翰·奥尼尔宣布在月面的危海发现了一座巨大的桥形建筑物。一些著名天文学家也用各自的望远镜确认那是一座桥形物，其中还有一位明确说那座桥全长达19.3千米。英国著名天文学家威尔金斯博士在BBC广播公司的广播节目中对此发表了自己的看法："这个桥形物似乎是建造而成的，也就是说它是运用技术建造而成的。"威

尔金斯博士说那座桥在月面留下了投影，甚至可以看到照入桥下的阳光。

1954 年 7 月 6 日，美国明尼苏达州达林天文台前台长弗朗克·哈尔斯泰特与助手及 16 名访问学者观测月球时，在一座今天已经消失的名为"比克洛米尼"的环形山上发现了一条黑色条纹，这条黑色条纹在被其他天文学家确认后不久便消失了。日本明治大学的丰田博士在《每日新闻上》刊登文章表明，1958 年 9 月 29 日，他在进行月面观测时发现月面上有一些呈黑色的字母。那些字母构成的两个单词清晰可见，是"PYAX"和"JWA"。然而威尔金斯博士认为这是由于"长时间观测月面使人产生错觉"。

1. 月球上的"塔状物"

1966 年 2 月 4 日，"月球 9 号"探测器在月面的风暴洋着陆，在风暴洋拍摄到的照片上显示出极像塔形的物体，这些"塔状物"整齐地排成一列。

伊万·桑达森博士对探测器拍摄到的这些照片分析道："这些类似机场跑道标志塔的物体等距离排列，似乎呈两条直线。"这些圆形石柱无一例外地刚好处在阳光能够照射到并能投射出影子的位置上。而且照片上还拍摄到一个很像飞行物体的东西正在着陆的场面。

苏联科学家们推测这些彼此高度相等的塔实际上是等距离建造的。桑达森博士推测说："这些塔状物与地球上的方尖碑也许是同一渊源。从事宇宙旅行的来自其他星球的客人，可能是为了向后来者提供目标方位才建造了这些塔状物。从这个意义上说，塔状物起着向导作用。"有一位科学家推测说，这些方尖碑也许是引导宇宙飞船起飞和降落的"跑道"，或者不是将外星人的飞船引向月面，而是引向月球内部的标志。

1966 年 11 月 20 日，美国的"月球轨道器 2 号"在执行月球探测计划时发现静海有塔状物（如图 8-6）。当时这艘探测器正从 46.7 千米的距离对月面进行拍摄。科学家们分析了这些照片后得出结论说，这些塔状物高度在 12.2 ~ 22.9 米。而苏联科学家估计，这些塔状物比美国科学家计算的结果高出 3 倍，其高度相当于地球上一座 15 层的大厦。美国地质学家法尔克·埃尔·巴斯博士说，这些塔状物与地球上任何建筑物相比都要高得多。对于塔状物所处的位置，美国波音飞机公司科学研究所的生物工程学博士威廉·布莱亚认为这些塔状物是按照几何学法则排列的。他说："如果这些突起物（塔状物）确实是基于地质学的理由建立起来的话，那么它们就会零落分散，而不是整齐排列。但根据测量结果，将它们置于 x、y、z 三维坐标系中构成立体形状时，便明确无误地显示了它们的存在。也就是说，它的两条底边和 3 个顶点构成了等腰三角形、等边三角形和直角三角形。"

苏联空间工程学家亚历山大·阿布拉莫夫在研究过"月球轨道器 2 号"拍摄的照片后，也得出与布莱亚博士相同的结论，即这些建筑物（塔状物）是按照几何学法则排列的。不过阿布拉莫夫也指出，这些塔状物的排列方式总在发生很明显的变化。他计算了这些塔状物的建造角度，运用几何学原理分析，结果令人惊奇，这些塔状物与人们所知的"埃及三角形"的排列方式完全一样。他说："如果对这些月面物体进行分类的话，事实上它们与开罗郊外吉萨的胡夫、哈夫拉、奇阿普斯等埃及法老的大金字塔群何其相似。"

图 8-6　1965 年 7 月 20 日苏联"探测者 3 号"拍摄

2. 月球上的其他"人工建筑"

将美国"阿波罗 8 号"飞船从月球背面通过望远镜拍摄回来的照片放大分析可知，月球背面确实有类似建筑工地般的设备、建筑物和巨型飞碟等物体。有人认为这是建造中空的"月球－宇宙飞船"时留下的机械和材料。

地质学家盖利·莱萨姆博士说，仪器探测到月球深处有两个带状物。他在报告里说："这两个带状物的长度至少有上千千米，其深度也在月面下上千千米处，它们之间并没有相互交叉。"莱萨姆博士认为这两个带状物不可能是巨大的分裂结构，因为这两个带状物体似乎与月震和潮汐的规律不相符合。

在风暴洋中有一个被认为是通向月球内部的洞穴。威尔金斯博士认为在

这个入口内部还应开有其他几个洞穴，与月球表面的其他洞口相连。他本人还发现一个名为"卡西尼 A"的环形山内部的大坑穴。这个环形山直径 2.4 千米，是一个较大的环形山，深入月球内部约 182.9 米。

3. 神秘的"人工建筑"究竟是什么?

1843 年，德国天文学家约翰·西洛塔尔曾观测到一座直径达 9.66 千米的大环形山并把这座环形山称为"林奈"。西洛塔尔在几十年间画了数百张月面地图，有一天忽然察觉到林奈环形山正在逐渐消失。1991 年，这座环形山在望远镜观察中已成为一个被浅浅的白色堆积物包围的小点。根据美国航空航天局发表的"阿波罗 15 号"飞船拍摄的林奈环形山的照片，这座环形山是一座直径只有 2 414 米的小环形山。这成为了林奈环形山之谜。

西洛塔尔本人相信月球上存在着智慧生物，林奈环形山之谜正是由于这些月球居民的活动造成的。而威尔金斯博士认为，无论建筑物受到何种作用而发生变化，都不能认作是存在月球居民的理由，因为月球上毕竟没有空气。但是要把它归结于自然现象又很难自圆其说。

月球上是否真的存在"人工建筑"? 有科学家认为，从地球上观测月球，由于两者距离相当远，我们可能会将天然物体错认为桥或其他物体，想当然地认为是"人工建成的"。如果从宇宙空间拍摄地球照片，比如从正在轨道上飞行的宇宙飞船上拍摄地球照片，我们会把陨石坑毫不怀疑地视为建筑物。当然，由于我们站在地球上，所以我们清楚地知道它们都是自然形成的地貌。也就是说，这一事实告诫我们必须审慎看待月球上的"人工建筑"。

五、月球上有"UFO"吗?

1. "阿波罗 8 号"发现月面巨大物体

1968 年 12 月 21—27 日，"阿波罗 8 号"飞船的宇航员弗朗克·博尔曼、詹姆斯·洛弗尔和威廉·安德斯执行了飞行任务。他们进行了首次载人月球轨道飞行，并做了有推力的轨道变换试验。当他们沿着轨道飞至月球背面时，空中出现了一个巨大的地外物体，该物体直径有 16.1 千米。这被他们成功摄入镜头。当他们再次飞至月球背面，准备再拍下一些照片时，那个庞然大物已经消失了。

2. 接近"阿波罗 10 号"的神秘飞船

"阿波罗 10 号"飞船的宇航员是塞尔南、斯塔福德和约翰·扬。这 3 名宇航员的任务是进行人类实际登月之前的所有试验。1969 年 5 月 22 日，指令舱进入月球轨道，而登月舱首次飞临月球上空，在登月舱下降到距离月面还有 7.2 千米时，突然一个"UFO"垂直上升，向"阿波罗"10 号登月舱"致意"。"阿波罗 10 号"的宇航员们不仅目击了这个"UFO"移动的过程，还拍下几张照片，但从未公之于众。

3. "阿波罗 11 号"与"UFO"的"幽会"

1969 年 7 月 19 日美国东部时间下午 6 点，人类第一次登月的前两天，宇航员奥尔德林操纵着登月舱，宇航员阿姆斯特朗一边用摄影机拍摄月面，一边听着地面飞行控制中心发来的关于登月舱着陆时的注意事项提示。这时两个"UFO"突然出现，其中一个比另一个明显大得多。两个"UFO"从月面向着已经进入月球轨道的"阿波罗 11 号"垂直升上来，以惊人的速度到达了与摄影机同一水平的位置。当时两个"UFO"急速改变了方向，迅速穿过"阿波罗 11 号"成员的视野，在左侧消失。几秒钟后，这两个"UFO"又出现在"阿波罗 11 号"的上空并降低高度。奥尔德林将摄影机转动了 90°，那两个"UFO"像是愿意被摄入镜头似的，悬停不动了，突然两个"UFO"之间有一道光闪过。宇航员们惊异地注视着两个"UFO"，这时两个"UFO"分离并同时垂直上升，从他们的视野中消失。不过"UFO"并没有就此隐没，不一会儿两个"UFO"中的一个又回到摄影机前，随即又从宇航员的视野中消失。在目击过程中，大约有 19 个卵形物体从摄影机前飞过。

4. 其他目击者邂逅"UFO"

"阿波罗 12 号"在距月球还有一半路程的时候，宇航员们目击 3 个"UFO"。当时宇航员报告说，他们与地面飞行控制中心的通话被类似消防车警笛的声音所打断。在"阿波罗 12 号"返回地球、降落太平洋之前又看到一个"UFO"。"阿波罗 15 号"的宇航员斯科特和欧文看到在月球上空一闪而过的飞行物体。"阿波罗 16 号"在月球轨道上飞行时，宇航员马丁利看到一个发光物体横穿月球上空，两三秒钟后在月球的"地平线"上消失。美国航空航天局的科学家法尔克·埃尔·巴斯认为宇航员目击的这种发光物肯定是"UFO"。"阿波罗 17 号"的宇航员伊文思和施密特也目击到两个"UFO"。

然而，迄今为止，美国航空航天局尚未公布宇航员遭遇"UFO"的事件。月球上是否存在"UFO"？若存在，那么是否也存在智慧生物呢？这些谜团等待我们继续探索。

六、至今未解的月球之谜

1. 月球上有生命吗?

1967 年 4 月,"勘测者 3 号"的无人驾驶飞船在月球表面软着陆。它是为即将登月的宇航员探路的。完成任务后,电源用完了,它成为月球上的一件"历史文物"。1970 年 11 月 19 日,第二批登月的宇航员康德拉和比恩拆下"勘测者 3 号"上的摄影机,取走了 3 个零部件,一起带回地球。摄影机被带回休斯敦几个月后,一位微生物学家从垫在摄像机电路系统内的一小块聚氨甲基酸酯泡沫塑料中成功培养出一批细菌。这批细菌和人类气管中找到的微生物属于同一类型,所以它们不是陌生的生物。科学家认为,细菌是地球上带去的,在本来不利的环境里,由于摄影机的保护,竟然能生存 1 000 多天。因此,可以得出结论,是摄影机的金属外壳保护了这些细菌。那么陨石就更可能保护它内部的小生命体了。所以某种微生物穿过星际空间来到地球或另外的星球是完全可能的。一旦遇到适当的环境,就会繁殖起来。

1971 年,地球化学家们宣布,他们在从月球带回的月球土壤标本中发现了有机化合物。地球化学家们发现的含碳化合物并不是生命,也不是曾经具有生命力的物质,但它是构成生物体的某种长碳链化合物。

然而月球上到底有没有生命?过去是否存在过生命?至今没人能够确切回答。

2. 月球土壤为什么比月岩古老?

(1)古老的月球。当宇航员们把第一批月球岩石标本带回地球时,科学家们研究发现,月球不但比地球古老,而且比太阳系更古老。降落在月面静海的宇航员尼尔·阿姆斯特朗信手捡的月面岩石,其历史都在 36 亿年以上。在宇航员从月面带回的岩石中还有 43 亿年前形成的物质,甚至还有 45 亿年前形成的物质。"阿波罗 11 号"飞船带回的月面土壤标本,历史已长达 46 亿年。46 亿年前正是太阳系形成的时候。而科学家们在地球上发现的最古老的岩石是 35 亿年前的,这种岩石是在非洲岩缝中发现的。此后科学家们又在格陵兰岛上发现了据认为是比前面稍微古老一些的岩石,可能与月面静海的岩石一样古老,是 36 亿年前形成的物质。

(2)为什么月球土壤比月岩还古老。根据科学家们以往的研究,土壤应该是岩石碎裂后形成的。在若干亿年的岁月中,陨石和更为巨大的天体不断撞击月面,一切都应化为粉末,在月面上能发现古老的岩石和石块已经是不可思议的事,可是岩石下面的土壤比岩石还要古老 10 亿年。科学家们对月球土壤的化学分析结果表明，月球土壤与附近发现的月球岩石绝不是同一物质，而是来自别的地方。

对此，提出"月球－宇宙飞船"假说的科学家们认为，月球在漫长的岁月中辗转于古老天体和新生天体之间，在这个过程中月球遭遇了各种各样的陨石撞击，所以月球土壤自然比其上面的某些岩石和石块要古老得多。

3. 月球体内的"肿块"

1966 年 8 月至 1967 年 8 月，美国为人类登月积极做准备，先后共发射 5 个"月球轨道器"。它们航行到月球后，成为环绕月球运动的人造月球卫星，实现对月球近距离的全面考察。

"月球轨道器"在环绕月球运动的过程中，有时会发生莫名其妙的抖动和倾斜。科学家发现，每当"月球轨道器"接近月面的环形月海时，便产生抖动和倾斜。"月球轨道器"与月面最近时有 40 千米。为什么这些月海会产生引力增强呢？科学家认为月海下面应有高密度的异常物体，这种物体在月球体内就像"肿块"一样。因此，科学家给这种物质起了一个形象化的名字，叫"月球质量瘤"，也称为"重力瘤"或"聚集物"。

1968 年，美国加利福尼亚理工大学喷气推进实验室的科学家谬拉根据约 9 000 个经"月球轨道器"测过速度的点，绘制出一幅月球重力场不平衡图。通过研究，在月球正面发现 6 个环形月海下存在月球质量瘤。1969 年，又在其他月海下发现 7 个月球质量瘤。这些月海分别是雨海、澄海、危海、酒海、湿海、史密斯海、洪堡德海、东海、中央湾和暑湾。

月球质量瘤不仅影响"月球轨道器"绕月飞行，还影响其他绕月飞行的人造月球卫星的运行。"阿波罗 10 号"飞船环绕月球飞行的主要任务之一，就是测出月球重力变换的情况。为此，它绕月飞行了 31 圈，共 61 小时 36 分。

现已查明，月球在一些方面表现为不对称性。其中向着地球的一面发现了 11 个月球质量瘤，背着地球的那面有 2 个月球质量瘤。月球质量瘤究竟是什么？为什么这样分布？科学家们还在不断探索研究。

Part 9

月球探测的前景

一、月球上丰富的矿产资源

在陨石的频繁撞击、撞击溅射物的不断堆积、宇宙射线和太阳风以及巨大的温差等因素的影响下，岩石碎屑、矿物颗粒、玻璃、陨石碎片、粘合集块岩等组成了覆盖整个月球表面的松散堆积物——月壤（如图9-1）。得益于独特的环境和条件，月球上形成了丰富的矿产资源。

图 9-1　松散的月壤和宇航员的脚印

图 9-2　宇航员采集的月球岩石样品（质量 142 克）

　　尽管我们生活的地球矿产资源丰富，但很多天然资源是不可再生的，它们终有耗尽的一天，之后地球将陷入严峻的资源危机。到那时，人们要靠什么来维持高度的社会文明发展呢？科学家们的目光投向了月球——离地球最近的天体。月球有十分可观的矿产资源。即使不把碳氢化合物计算在内，那么月球上的物质也能为人类制造出 90% 所需的物品。

　　科学家们对月球探测器采集回来的月球岩石样品（如图 9-2）进行分析，发现月球上的岩石主要有 3 种类型。第一种是月海玄武岩，它是由月球内部

的部分区域熔融产生的，其体积约有 10^{10} 千米^3。月海玄武岩（如图 9-3）的年龄多为 31 亿 ~39 亿年，没有更年轻的玄武岩，说明月球的岩浆活动已经停止了 30 亿年，所以"熄灭了的星球"这一称号就是这么来的。

图 9-3　月海玄武岩

　　第二种是斜长岩（如图 9-4），是月球上的古老岩石，主要分布在月球高地。

　　第三种是由大小为 0.1~1 毫米的岩屑颗粒组成的角砾岩（如图 9-5），它是撞击作用的产物，成分较为复杂。月陆上这种角砾岩的存在表明在月球早期的历史中已经出现了陨石撞击爆炸的现象。

图9-4　"阿波罗16号"宇航员采集的44亿年前的斜长岩样本

081

图9-5　角砾岩

克里普岩也是月球主要岩石类型之一，是由部分岩石熔融产生的，以富含钾、稀土元素和磷而得名；它还富含铀、钍等放射性元素，是未来人类开发利用月球资源的重要矿产资源。根据美国"克莱门汀号"和"勘测者号"月球探测器的探测资料分析，月球正面的风暴洋区域可能就是克里普岩的分布区域，科学家进而对克里普岩出露于月面的部分和近月面部分进行了成因机制的分析，并估算出克里普岩层的厚度约有 10 ～ 20 千米。一些专家通过模型计算出克里普岩中稀土元素、钍、铀的资源量分别约为 6.7 亿吨、8.4 亿吨和 3.6 亿吨，风暴洋区域克里普岩中的总稀土元素资源量约为 225 ～ 450 亿吨。

科学家们利用光谱鉴别出月岩中含有地壳里的全部元素和 60 种左右的矿物，月岩中还有 6 种矿物是地球上所没有的。在月球土壤中，氧约占 40%，是推进剂的组成成分之一和受控生态环境生命保障系统的供氧源；硅约占 20%，是制作太阳电池阵的原材料。科学家们把月球土壤样品加热到 2 000℃，发现有惰性气体从月壤中逸出，其中有氩、氖、氙等气体。

开采月球的天然矿藏，在月球基地上将材料加工成最终产品供空间探测和地面使用，预计是一项高收益的产业，并且有利于人类资源的可持续利用。以铁为例，月面表层仅 5 厘米厚的沙土中就含有上亿吨铁（整个月球表面沙土平均有 10 米厚），储量异常丰富且便于开采和冶炼。据估计，发达国家每年因金属腐蚀造成的损失约占国民经济收入的 1/10。如果能在月球上生产纯铁并运回地球上使用，填补能源空缺的同时还能产生巨大经济效益，无疑是对人类的一大贡献。宇航员们从月球上带回来的岩石样品中都含有纯铁的颗粒，科学家们认为这些纯铁颗粒并不是来自陨石。有专家指出，这些纯铁颗粒带回地球后，好多年都未生锈，纯铁不生锈在科学界还是第一次遇到。此外，科学家还研究出利用月球土壤和岩石制造水泥和玻璃的办法。

在未来，相信随着人类航天科学技术的发展和进步，当月球与地球之间的"来往"成本降低到可接受范围内，月球矿产资源的开发与利用将成为必然。

二、月球上的水冰

根据科学家们的研究，月球上可能存在着水冰。而关于月球表面的水冰主要来源，科学家做出了以下猜测：

（1）含水冰的彗星或小天体撞击月球表面后，撞击体剧烈破碎，其碎块溅射落在撞击坑永久阴影区，会与月壤混合，将水冰保留下来。

（2）由太阳风中的氢与月壤和月岩中的氧化铁发生还原反应产生的水。

（3）由月球深处释放的岩浆水。

近年来，多项研究都指出月球极地区域永久阴影区有水冰的存在，这些永久阴影区中可能存在的水冰可为未来月面探测提供宝贵资源（如可用于生产火箭燃料、宇航员生活用水等），同时也记录了地月系统甚至太阳系内水的来源信息及迁移历史，工程意义重大且兼具重要科学价值，是月球探测和科学研究的重要课题。然而由于月球永久阴影区非常特殊的地理位置和内部环境，对其直接探测的难度较大，导致半个多世纪以来多种手段的探测研究仍未能对其表层水冰的存在与性质进行完全证实。现在的遥感探测技术得到的结果有其局限性，未来需开展着陆探测任务对月球水冰进行直接认证。

但有科学家认为，即使月球极地存在水冰，也不太可能成为月球基地可以依赖的水资源。首先，水冰存在于终年黑暗、低温的极地永久阴影区（如图9-6），对开采设备的性能要求非常高，并且难以直接利用。其次，月壤中水冰的含量极微，分布面积极广，并与月壤混合，生产1吨水需要开发数平方千米面积的月壤，水冰的收集和运输在技术上不仅存在着很大难度，而且也不是非常经济的办法。

083

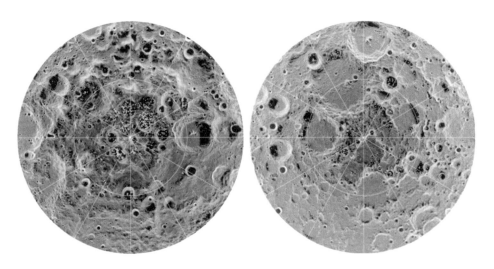

图9-6　月球水冰分布区域为蓝色（左为月球南极地区，右为月球北极地区）

月球是一块没有被开发的处女地，资源量巨大。尽管月球不属于任何国家和个人所有，但是最早前去开发的人一定会占据最有利的位置。人类需要开发利用月球，把地球和月球连起来考虑，共同支撑人类不断增长的物质、

文化等各方面的需求。探月工程的重要性激励着我国千千万万的科技人员继续砥砺前行，同时我们期待青少年将来为我国的航天事业做出贡献！

三、人类为什么要探月？

　　人类为什么要探月呢？如果说 20 世纪 50—70 年代美国和苏联的探月活动主要出于政治和军事目的，那么 20 世纪 90 年代以来的第二轮探月潮则更注重实际，探测眼光更长远，探测计划更科学。探月活动在科学、经济和政治领域的意义更加凸显，对人类的生产生活有更大的推动作用。

1. 月球是科学探索宝库

　　月球表面为超高真空状态，也没有发生地质活动，月球岩石受损程度小，月球岩石往往比较古老。因此，研究月球岩石相当于研究地球 39 亿 ~40 亿年前的标本。研究月球岩石有助于地球的起源和演化历史。

　　月球表面还具有高洁净、弱重力的特征，这对天文观测来说条件非常完美。在月球表面建立天文观测站和研究基地，其技术要求比哈勃太空望远镜更低，而精度比后者高得多。此外，在月面建立对地监测站，可以在一定高度对地面的气候变化、生态演化、环境污染、各种自然灾害和人类活动等方面进行高精度的观察和监测，为人类的可持续发展做出贡献。所以，对人类来说，月球是一个科学探索的宝库。

2. 丰富的能源和矿产资源

　　由于月球质量小，产生不了足够的引力，不能将气体分子大量吸附在月球的表面，所以月球表面是超高真空状态，没有大气这把"保护伞"，因此，太阳辐射可以长驱直入地到达月球表面。此外，月球上的白天和黑夜都相当长。在月球表面建立全月球并联式太阳能发电厂，将获得极其丰富而稳定的太阳能。

　　月球上可利用的另一大能源是核聚变燃料——氦 -3。这是一种无色、无味的气体，具有清洁、安全和高效的优点。它在地球上仅有 15 ~ 20 吨，以"阿波罗"和"月球轨道器"的实测结果为参考标准计算，在月球上有 100 万 ~500 万吨。据科学家计算，大约 10 吨氦 -3 所发的电，就可满足我国一年的用电量；100 多吨氦 -3，就能满足全球一年的电力需求。若能实现商业化利用，月壤中的氦 -3 可供地球能源需求达数万年——氦 -3 将成为人类未来的新能源。

　　前面章节中我们已经介绍过，月球上具有丰富的矿产资源，具有开发前景。

3. 探月工程促进科技进步

20 世纪 60—70 年代的探月工程表明，空间探测是一个具有极高产出率的项目，它实现的真正价值远高于工程本身，月球探测可以成为科学和技术的摇篮。

美国通过实施"阿波罗"探月工程，带动了超高强度和耐高温材料、新型计算机、遥控作业等一大批高科技工业集群的发展。后来许多技术成果陆续转为民用。"阿波罗"探月工程大约派生出 3 000 种应用技术成果，这些成果在经济领域得到广泛应用，促进了科技与工业的整体发展与繁荣。美国在信息、生物、新材料等高新技术领先于世界，很大部分来自对探月技术的消化、优化和二次开发。

4. 探月是国家综合国力的体现

开展月球探测活动是一个国家综合国力的体现。对于任何一个国家来说，通过实施探月工程，可以激发民族自豪感，增强民族凝聚力。

中国月球探测首席科学家欧阳自远（如图 9-7）表示："假如我们中国对月球从不问津的话，那么在月球的开发利用上，我们也没有任何发言权，将来

图 9-7　中国月球探测首席科学家欧阳自远

也很难维护我们国家的合法权益。"作为世界大国和主要航天国家，开展月球探测是我国航天活动发展的必然选择。开展月球探测对我国进一步牢固确立国际地位，增强中华民族的自豪感和凝聚力，扩大政治影响有着重要意义。

近年来，美国、俄罗斯、欧洲航天局、日本和印度等国家和组织都制定了长远的月球探测规划。未来探月目标将集中在月球南极的水资源和各类矿藏的勘查、开发和利用，全月资源的高精度详查，构建长期无人值守、短期有人照料的月球基地。